数字+生态

URBAN ECOLOGY

21世纪先锋建筑丛书

薛彦波 仇宁 主编

新生态
建筑+循环景观

IaN+事务所设计作品

中国建筑工业出版社

图书在版编目(CIP)数据

新生态建筑+循环景观——IaN+事务所设计作品/薛彦波，仇宁主编.—北京：中国建筑工业出版社，2011.7
21世纪先锋建筑丛书
ISBN 978-7-112-13291-1

I. ①新… II. ①薛… ② 仇… III. ①建筑设计－作品集－世界 IV. ①TU206

中国版本图书馆CIP数据核字（2011）第109141号

责任编辑：张幼平
责任校对：陈晶晶　赵颖

21世纪先锋建筑丛书
新生态建筑+循环景观
——IaN+事务所设计作品
薛彦波　仇宁　主编
*
中国建筑工业出版社出版、发行（北京西郊百万庄）
各地新华书店、建筑书店经销
百易视觉组制版
北京顺诚彩色印刷有限公司印刷
*
开本：880×1230毫米　1/32　印张：6 3/4　字数：368千字
2011年6月第一版　2011年6月第一次印刷
定价：58.00元
ISBN 978-7-112-13291-1
(20719)

今天的建筑学面临空前严峻的挑战，住宅、交通、土地利用方面的问题以及能源和资源日益枯竭、生态环境恶化等，正以人类生存发展的大命题方式直接逼问；而在建筑学专业内部，受学科自身自律发展内在动力的驱使，求新求变的欲望日益强烈。那些困扰着历代建筑师的基本命题依然等待着与时俱进的解答：什么样的造型风格能够反映时代的精神？建筑怎样满足所处时代社会生产和生活提出的各种复杂的要求？建筑对于人的意义是怎样的？如何定义建筑之美？建筑学的发展方向何在？应当怎样处理继承与革新的矛盾？新的科学技术为建筑提供了什么新的可能性……

回顾20世纪的后四十年，世界建筑领域表面喧嚣，实则沉闷。后现代主义、新现代主义、解构主义，你方唱罢我登场，各领风骚十几年。尽管建筑师和建筑理论家们可谓是呕心沥血，花样百出，但这些流派与运动最终也只是对现代主义建筑某些方面的不足，如人文关怀和个性特色方面的缺失进行修正和改良，很难说有多少实质性的突破。预示和制约未来发展方向的信息和条件更多来自建筑学之外，这远远超出了仅将研究重点局限于形式与风格的探索者的视野。

在西方发达国家渐次进入后工业时代之后，社会生产与生活方式已经发生了深刻的变化：社会日益富裕，消费成为影响社会运转最重要的因素之一；福柯、德里达、德勒兹等后现代哲学家的思想广泛传播；计算机、材料技术、互联网及信息技术飞速发展；全球化趋势加速；由能源危机引发，人们开始对可持续发展及生态危机进行全方位思考等。在内部自律发展的驱动力之外，正是这些变化外在地影响或制约着建筑学的发展趋势。

后现代哲学思想

现代科学将理性主义导向排除主观因素介入的完全客观的一元论，结构主义哲学更是将生动真实的大千世界归结为简单的秩序与普遍性法则，世界的复杂多元性被视为肤浅的表象，而被简化归纳的结构秩序等同于本质。

20世纪60年代以来，福柯、德里达、德勒兹等后现代哲学家的思想日益受到重观，他们在各自著作中从不同角度对现代主义的一元宏大叙事的权威性进行不留情面的反驳与颠覆，揭示真实世界的多元复杂性以及长期被主流文化忽略压制的非主流亚文化的价值与意义。后现代主义意味着一种世界观或生活观，即不再把世界视为统一的整体，而强调其多元、片段化和非中心的特点。

以德勒兹为例，他的思想有意挣脱和抵抗既有的或传统的社会文化的束缚，以开放性、增值性的思想观念阐释世界的多元和生命的混沌。他借助“块茎”、“高原”、“褶子”、“游牧”等概念，提倡充满活力的差异、流变、生成、多元的后结构主义观念。德勒兹的“褶子”象征着差异共处、普遍和谐与回旋叠合，有无限延展、流变和生成的开放性和可能性，是统一与多元性共存的平台。在经济全球化与文化数字化的时代，褶子导致人类转向开放空间，从而生产出新的存在方式和表达方式。“游牧”指由差异和重复运动构成的、未结构化的自由状态，事物在游牧状态下不断逃逸或生成新的状态。“块茎”是非中心、无规则、多元化的形态（区别于树状结构的中心论、规范化和等级制），块茎图式是生产机器，它通过变异、拓展、征服和分衍而运作，永远可以分离、联系、颠倒、修改，是具有多种出入口及逃逸线的图式。

致力于探索建筑学发展的当代新锐建筑师在这些后现代思想家的理论中找到了打破理性主义束缚的思想依据；20世纪中叶诞生的非线性科学理论为突破线性科学对人类思维的制约、研究复杂多元的问题提供了全新的视野与理论方法。传统的艺术及建筑创作原则如统一、协调、完整性等也随之丧失了合理性的基础，而漂移、变异、流动、生成等成为建筑创作中常见的观念。当然，就像德里达的解构哲学中一些概念被生硬地借用到建筑领域一样，德勒兹的后结构主义哲学概念也存在被庸俗化、工具化的状况。一些建筑师和建筑理论家从他众多的哲学新概念中提出一部分，只是作了望文生义的意象化处理，并在建筑的形态中以直接或隐晦的方式表现出来。

消费社会和图像化时代

后工业时代消费社会的基本逻辑是人们能够通过消费的对象定义自身的个性和身份地位，这种情况下，人们消费的主要是物作为标示差异的符号意义，于是，作为消费对象的空间，其形态的识别性和差异性就显得尤为重要。另外，在信息和图像化风潮的影响下，建筑形象吸引了越来越多的公众的关注，建筑师也需要个性鲜明的作品来获取成就与名声。事实上，一些建筑的影响早已超出建筑领域成为公共话题，而其建筑师也像娱乐明星一样风光无限。这种对外观形象的重视在数字虚拟、高速计算机的结构计算和图像信息传播技术的支持下更显出先声夺人的优势，形态和表皮成为建筑学研究的热点，建筑方案的表现手段已经反过来开始影响设计的理念、程序和方法。

全球化

信息技术的发展造成了新一轮的“时空压缩”，也促进了文化和社会生活的巨变。全球性的信息和资源流动正在改变着人们的生存条件，一些原来的区域性、地区性的观念产生了新的变化。非物质化的虚拟生存、虚拟社区的发展切实改变了人们的生活观念和生活方式，也引发了空间场所与人的关系的进一步变异。在今天，技术劳动力分配的全球化程度越来越高，建筑师跨地域从事设计实践已经是普遍现象，尤其是一些有国际影响的明星建筑师，在全世界的建设热点地域都能看到他们的身影。

生态危机与可持续发展战略

人类近两百年来对能源和自然资源毫无节制的滥用所导致的恶果在近几十年中集中地显现出来。今天的世界面临资源枯竭、能源危机、生态危机、环境危机、人口膨胀、发展失衡等诸多问题，总起来看就是人类的生存危机。

建筑是人类最重要的生产活动之一。我们从自然界所获得的50%以上的物质原料都是用来建造各类建筑及其附属设施，这些建筑及设施在建造与使用过程中又消耗了全球50%左右的能源。在环境的总体污染中，与建筑有关的空气污染、光污染、电磁污染占34%，建筑垃圾占人类活动产出垃圾总量的40%以上。作为资源利用和环境污染的大户，如何提高综合循环利用，探索节约资源、能源，减少环境污染、提高建筑科技含量和经济效益的绿色可持续性建筑，是建筑界当前面临的最大课题。

国际建筑设计界对建筑的认识在观念上已经发生了重大转变：如从注重建筑作品本身的经济、技术、艺术价值扩展到建筑作品的生态价值和社会价值，从注重建筑产品的建造过程转向注重建筑产品的整个生命周期等。

计算机、新材料、新技术

千百年来，建筑师遵循着线性思维方法，依靠自己的空间想象力，在头脑中设想建筑形态和空间关系，以二维的图纸或三维实物模型表达设计成果（其间虽有高迪这样的天才尝试突破，但毕竟是个例，且由于建造技术落后，其作品历百年未能完成）。今天，借助于计算机的数据和图形分析技术、虚拟技术和数字化控制制造技术，自由的、流动性的、形体和空间关系的复杂程度远远超出人想象力的非线性形体可以轻松地设计并制造出来。计算机技术不仅是建筑形体设计及成果表达的手段，随着编程、参数设计、形体生成等方法的普及，它对建筑设计的影响已经上升到观念和方法论的层面。当前的数字建筑，不仅其设计过程高度依赖计算机软件技术，在建造手段上也离不开数控机床等计算机辅助制造技术。

此外，层出不穷的各种新型建筑材料（如高强度材料、节能材料、环保材料及各种综合材料等）和节能环保技术，也为建筑探索提供了有力的技术和物质材料支持。

无论对于形式风格探索还是生态、节能、环保、结构和空间等内在品质的提高，突飞猛进的计算机技术为建筑学打开的是一扇革命性的大门。

具备了哲学的、社会的、经济的和科学技术的条件，似乎建筑学的发展就要掀开新的一页了。

20世纪初,建筑史上最具颠覆性的变革——现代建筑运动的发生即是如此。在其影响下，人们对于建筑功能、建筑美学、建造技术、材料科学，乃至对于建筑价值层面的理解，都发生了革命性的转变，并且控制世界建筑领域达半世纪之久。现代建筑运动虽以集中、爆发的方式出现，但其酝酿的时间却在百年以上，综合了工业革命以来政治、经济、科技、哲学、人文、艺术等各领域的成果才得以实现，又恰逢两次世界大战造成的巨大的建筑需求量，其影响才达到如此深远的程度。

21世纪已经过去了10年。今天回顾百年前的现代建筑运动，并非暗示我们又站在了建筑革命的转折点上，因为有太多的不确定性让我们无法作出如此乐观的判断。任何建筑思潮和风格的产生，都与当时的时代背景息息相关。在价值和评价标准多元化的后现代社会里，再期待出现一种像现代主义一样放之天下而皆准的主流建筑设计思想或风格显然已不合时宜。

当前城市、社会和自然环境面临的问题，对于建筑学的发展来说是严峻的挑战，也是难得的机遇。在建筑师多元化的探索中，有两个大的方向已成热点：一个是延续建筑学自律发展的惯性（这也是多数建筑师最热衷的），进行功能、建筑空间及形式风格方面的探索，计算机虚拟技术为这种研究提供了前所未有的条件；另一个是从可持续发展的立场，致力于研究节能、环保的生态建筑。也有很多前卫建筑师将这两个方向综合起来，在进行功能、空间及形式风格等方面研究的同时，探索一种充分利用最新科技成果的，能够让人、自然和社会和谐相处的可持续性建筑。

本丛书选择在这两个方向的理论研究和设计实践方面有较大国际影响的建筑师或建筑事务所的作品作较为详细的介绍。Vincent Callebaut提出的“信息生态建筑”是一种智能并可与人类灵活互动的建筑原型，一个联系了人与自然的有生命的界面。他的研究力图将非有机的建筑系统进行有机化改造，以使这种能取得人类与环境平衡的新的绿色建筑融入生态系统中。IaN+事务所的新生态学并不限于常规意义上的生态环保，而是指与建筑相关的地理、气候、经济、人口、技术、艺术、文化等因素的复杂关系系统。他们的研究以一种特殊的方式将建筑、景观与这个复杂系统联系起来，进而激发有益的资源利用及技术开发。Greg Lynn是数字建筑理论的奠基者之一，从20世纪90年代中期开始，其事务所就已经成为利用动画软件进行建筑设计的先锋，其创新实践在年轻建筑师当中产生了广泛的影响。他的研究致力于以建筑形式表达当代技术的流动性、灵活性及复杂性，并创造性地将建筑的功能性、文化性和建造的可行性与电脑技术支持下的形态表现方式联系起来。R&Seic(n)事务所探索了通过技术虚拟手段把握不可接近的世界的可能性。为了打破理性实证主义和决定论对建筑的限定和约束，他们尝试利用动荡、不安的暂时性和偶然性，结合一系列既定的解决方案，来完成一种介于梦幻时光和未来之间的建筑。ONL是由艺术家、建筑师和程序员共同组成的多学科的建筑设计工作平台，他们在设计和生产过程中融入高超的交互式数字技术，将富有创造力的设计策略与大规模定制的生产方法相结合，使构成元素各不相同的几何形复合结构的建造成为可能。

这些国外新锐建筑师的研究与实践创造力、想象力丰富，成果显著，为建筑学发展乃至人类生活方式的转变提供了新的启示与思路。但作为实验性的前卫建筑探索，其发展还面临着一系列外在条件的制约。对于数字建筑和生态建筑，其设计与建造需要有雄厚的经济和技术力量支撑，另外，在日益全球化的时代背景下，这些前沿的建筑设计研究与实践如何与项目所处的自然、社会、经济和文化环境的相适应等，都需要大量细致的深化研究工作。所以，尽管它预示了建筑学发展的一种方向，但对我们来说，这些前卫探索最值得学习的应该是其研究的态度、立场和方法，而不是方案的生搬硬套或低级的形式模仿。

contents | 目录

新生态学

IaN+

生存系统的新生态学应该把城市看作是一个生活系统，它具有特有的身份和历史，具有诞生、发展和衰败的生命周期。

IaN+将应用于建筑工程的生态思想称为“新生态学”。该词语的使用可能具有潜在危险并且语义不清；实际上“生态学”一词在此处要表达的并不是通常意义，即与环境保护有关的东西，其确切意义是指由环境塑造而成的，一种由地理、气候、经济、人口、技术、艺术以及文化等因素深层交互作用的结果。

在IaN+的研究中，生态学是关于关系与复杂性的科学，它要求与不同知识的互动。因此，我们的文化——这种完全沉浸于机制与决定论的方式，需要一个真正的范式改变，其最终目的是要思考系统之间的关系。

一个生态的系统实际上是一个交互式的系统，在其中所有的关系与组成元素——不仅是自然的，也包括人工的；不仅是景观的，也包括地形的——都变得重要。

为了清晰地理解新生态学概念，参考经济学是十分重要的。在经济学里，从古典经济学概念到新经济学的概念经历了一个根本的变革。经济学的改变缘自我们的社会及其逻辑和生产的动力系统的改变。我们可以看到建筑学在发生着同样的事情：土地利用的趋势转向功能特殊化，寻找更为灵活和柔软的方式以对个体随时间而改变的需求作出回应。指导建筑方案的遗传法则在这个方向上的变化，首先要求具有抛弃均质的、不考虑时间因素的功能空间概念的意志，还要有通过对场所的独立性与个性的恢复与重视将其指引向城市领域化的决心。相比物质建构，人们居住的方式通常是一种文化建构，是由居民自己保持其活性的一张精神地图。

新的世纪以一系列的变革以及对微观创新的探索为特色，后者并不产生时代性的改变，而更倾向于通过细微的修正改善日常生活，启动社会经济的变化。

建立在微观行动基础上的建筑学概念，是一种制造微观革新的研究与尝试，它并不引起震惊或带来特殊的语言，而是在一个微观尺度上持续地刺激对概念和策略进行反思。

通过新生态学，可以在建筑学自身的意义里寻求变化，它不必以对术语的传统理解来思考，而更像是一种支撑着城市系统生命的建筑学。作为个体以及他们所属社区的表达欲望的成果，建筑学从基本设施变化为微观基本设施。将建筑学反思为微观基础设施，意味着注意力的焦点从对象转向其影响范围，从而建立一套可以在具备可操作性的区域重新生成城市一部分的方法。

人类的组织系统包括经过设计的结构和生发出来的结构，迄今为止，建筑学一直属于前者，而景观则属于后者，因为它由网络与社区定义。景观，作为领域内的一种实体存在，很明显地成为一个一部分是自然而另一部分是人工行为结果的结构。景观，同时还是我们生活的场所与舞台，是生活事件决定因素的文化表达；相对于最近的生活方式及这个变革过程的表达来说，它是一个内部现象。

如果说经过设计的结构保证了法则和日常程序（它们对组织的实际执行是至关重要的），那么生发出来的结构则保证了革新、创造性以及灵活性。这是可以通过创造条件（而不是通过类型的指示）对变革过程进行激励的催化性建筑学。

新生态学的建筑学

过程的建筑学

对于作为头脑创作产物和一个非实体的概念性学科的建筑学，以及作为可感知的空间体验和空间现实、物质实体的建筑学，需要记住它们两者之间含混不清的关系。如果我们将顺序颠倒，并试图根据特定的空间条件（一个建筑项目必须遵守它，以在领域内保持活性和意义）来定义法则和初始条件，那么毫无疑问，我们可以创造出一个现实的模型，或是一个我们对现实的特定期望的模型，以达成一个适用于大尺度的概念。

艾蒂安·路易·布雷关于“建筑是意识产物”的名言作为建筑学的基础，强有力地强调了建筑学中概念意图的重要性，但是完全否定了空间体验的知觉现实。

比如说，激进的建筑学，立刻抛弃了这个萦绕在人们心头的悖论：人们不认为建成的建筑是他们行动的唯一的不可避免的结果，因为研究空间的本质和在现实中创造与体验它是不可能同时进行的。

如今比往常更需要在建筑领域清减语言的强势力量，以重新引入法则，通过空间概念的使用来指导建筑实践。

建筑学的发展应该以相关空间模型而发展的概念性力量为基础，因为即使这些模型的形状和表达发生改变，它们仍可以保持固有的特征不变。建筑学必须被作为一种理想与现实空间的当代聚合而被感知。

信息的建筑学

生命系统最重要的结构，与材质和能源一起，形成生命过程中基本的三重关系。据Bateson所说，信息是一种激发形成差异的差异，因而可以在系统内产生改变。

转换的建筑学

建筑学是一种空间和衍生现象在时间连续性中的转换过程，它塑造着未来。如今，对一个项目的思考结合其未来的转变以及它将被使用的方式和时间是十分重要的。

关系的建筑学

建筑学是一个作为过程关联成整体的系统，在这里，过程并不只是实施性的、与学科及其技术模式相关的，而是更倾向于作为文化与社会系统之间、操作员与使用者之间、公共与私密之间的关系。

演变-循环的建筑学

建筑学作为演变过程，是指一种关于循环性，尤其是关于伴随着时间推移的人—社会—环境之间的关系的未来的法则。作为景观的建筑的变异，包括新的价值体系、新的生活框架、不能再通过平常的识别与归纳方法定义外观与隔离、人工制品以及人工建造的空间。它关注感知的途径以及居住策略导致的使用空间的方法，它们经常被信任地用于有讨论余地的诗学，以通过巧妙的循环策略预先安排通向建成空间——这个与我们的生活方式更紧密连接的人工世界——的运动。

有界限的建筑学

如海德格尔称，界限并不是事物停止存在的地方，而是像希腊人发现的那样，更像是事物开始存在的地点。界限是一种动态的空间，其边界是清晰定义的，但也是运动的。这个空间的流动性不断地与个体之间的关系进行社会性的碰撞；内部与外部之间的界限或多或少地要像细胞膜那样运转。

景观的建筑学

项目是景观不可或缺的一部分，但并不是以一种绝对自然主义的方式存在。这个过程所描绘的领域，是一个将面临持久变化的、高度复杂的系统，它只有一个明显的顺序，而其真实情形是混乱而充满冲突的。建筑作为景观的一个重要组成部分，变成了景观自身。

建筑学在此具有一个重要的地位，就是表达了领域演变的整体规划过程的一部分。这是由于它通过对概念和设计变量的引入，在人类住区、自然与城市组成部分之间暗示了更多聚焦的连接，对一个根本性的城市规划革新作出了贡献。

（备注：文章译自Luca Galofaro、Carmelo Baglivo的*New Ecology*，有删改）

持续的研究主题

城市新景观

意大利事务所IaN+由建筑师Carmelo Baglivo、Luca Galofaro和工程师Stefania Manna创立。在十几年的实践历程中，他们完成了大量的实际和研究性项目。对前卫建筑感兴趣的人们能够从本书精选的23个案例中受到某些启发。

爱沙尼亚国家博物馆方案清晰地表明了他们作品的特点：对地段及其有趣地形的精妙理解。火山口般的外观以及对声音传播的分析导致了一个宽大圆形体量的集合，它们形成一种新景观、一种介于人工与自然之间的环境，几乎像是在月球上一样。该方案不仅偏离了赖特和沙里宁作品的传统，还以安全而原创的方式偏离了任何一种传统，创造出真实并得到合适表达的景观。不同的形状建立起一个“系统”，与单个火山口建筑及令人着迷的联结组织之间保持着和谐的关系。

位于里加的多加瓦堤岸方案设想了一种基础设施，它试图质疑并改变某条连接着市中心与河对岸新开发区的桥梁的意义及其建筑原理，同时，它还试图对码头系统进行反思。无论是从美学角度看（一个向外发射成套数据和光线的动力蜂窝）还是从桥梁的新功能（其中包括一条边界种有树木的街道及一个铁路连接）分部组织的方式看，覆盖桥板的结构都是很有趣的。

不来梅艺术馆扩建是原有古典式博物馆旁边的一个加建和重新插入的项目。IaN+选择在博物馆上附加一个棱镜形建筑，形成一个C形包围住原有建筑。不同的功能和剖面得到巧妙的解决，其视觉效果形成两个主题：从一侧看，通过不同步态的元素重复构成的立面，形成类似于条形码的阅读效果；从另一侧看，元素的垂直和连续节奏以及光影的变化使人们想起森林和树木——该地区和该项目段中的特殊元素。邻近的一个小湖和建筑在水中的倒影，如同威尼斯的建筑一样告诉我们，当与水面结合的时候，建筑元素的重复与哥特式摆动是如何获得如此惊人而丰富的暗示性价值的。新老之间的对比也得到了极富智慧的解决，毋需运用没用的塑料荷载，而是以一种确信无疑的方式将新建筑概念化。

台北的琉园玻璃博物馆考虑了景观与建筑开发之间的关系，进行了两层表达：一个从剖面看是地下层，另一个是作为整个结构支点的塔楼。与自然、周围城市及不同展览区域之间的关系，通过玻璃的不同实质、美学和技术属性得以强调。玻璃构成了博物馆本身的物体和程序，IaN+对它的使用并不是像包豪斯那样的传统功能性方式（揭示着世界“是如此这般”的透明元素），而是相反，把它当作一种实体材质运用在设计中。这种材质需要塑形、控制并加以分类，以便在展览空间结构和建筑的不同表达之中呈现出经过规划的“主观”角色，而不是一个纯粹功能化的“客观”角色。

在罗马的安格利尼集团新总部方案中，IaN+将注意力集中在“中间空间”的关系上，它塑造了这个项目，并暗示了一种可感知的空间层级。从与城市直接相连的空间，到综合体的公共空间，再到更私密的区域，全都互相联系。建筑表现为一个紧凑的体量，但是通过使用不同模数与材质，形成多变的立面系统。

高层的梯形体量由于立面模数的不断缩减而得到加强，暗示着建筑的透视效果，使其成为罗马城此区域内的一个真正地标。

佛罗伦萨的Dada集团新办公楼建筑很好地显示了一种经常在IaN+的作品中出现的设计手法。当与一种创新类型（Dada集团与电子和网络开发相关的不同技术、文化及进步事业打交道）相遇时，IaN+深入地研究了创新的工作方式以及人际关系的组织。整个组织不仅在平面上，还在剖面上进行了调查，设想了总在变化的工作流，它可以被连续地重组。于是大楼希望在建筑选择以及建筑成品和创造性流动两方面都提出一个新的概念。IaN+针对原有建筑一层的两部分糟糕的结构开展工作，成功地解决了原有的无定形体块，将其转变为一幢有价值的建筑。这座居于上层部分与新办公室的对比之中的建筑，前者表达了一个具有重复性模数的富有节奏感的立面，而后者则成为当今城市活动的动力中心。

现在正在罗马建造的Nuovo Salario停车场项目，清楚地表达了IaN+的“环境补偿”策略。建筑位于城市的一个边缘地带，邻近罗马的一个小火车站，它并不是仅仅拥有停车功能，而是至少扮演三种角色。首先，它是个小型站台服务处，有商业设施和售票处；其次，它是一个多模式的交通中转设施（停车、汽车站、站台入口）；最后，它还是一个重要的美学标志，几乎是城市中的一个抽象雕塑——以一种象征性的景观标志稳定了周边的自然空间。Nuovo Salario停车结构还开发了其他有特色的主题项目：在建筑的不同位置点缀绿色元素，除实际环境的优点之外，还可导致一种有趣的、几乎是东方的空间稀薄效应。

其中的一些概念在新米兰博览会的大型停车场中再次出现，这里的建筑还成为一个与新近建成的米兰博览会综合体相连的连接性元素。项目的主题“自然主义补偿”在Reggio Emilia的另一个停车建筑中被进一步发展，这里立面的处理具有一种暗示性的副主题，形成了屋顶植被是从立面本身直接生长出来的印象。

在处理della Verna大道（罗马的一个住宅区）商业中心这一较难课题的时候，建筑师们决定创造一个人工地形，不过不是在地面上，而是在屋顶上。这种“悬吊地形”成为一种覆盖，保证了下面商业空间的自由排布。大的多边形开口打破悬吊地形，使综合体以有趣而可变的几何形态为特色，层层地形变得可见。

为罗马第二大学所做的第二大学实验室建筑揭示了其布局和视觉效果的极大安全性。平面的排布将办公室组织在一条通过楼梯到达二层的纵向路径旁边，二层是会议区，像一只大眼睛，完全朝向周围的景观开放。视觉效果十分强烈：IaN+为了赋予这幢小建筑特色，运用了对动物标志的回忆。对体量以及以打孔形式出现的有趣变化（有的是楼梯边的点状物，有的是会议室中张大的嘴，有的是办公室中垂直而不对称的开口）的选择，显示了一幢小建筑是如何成为高质量和巧妙的设计。位于罗马近郊的Falcognana街区社区设施项目，是在赢得竞赛后与居民和市政当局长期谈判的结果。这段漫长的过程并没有影响到项目的质量，反而让IaN+有可能以一种更成熟和正确的方式发展方案。补偿的主题再次成为理解他们设计特色的关键。这个位于乡村与城市外围交界处的方案，在一侧通过屋顶上的绿色空间形成新的轮廓线，在另一侧则形成一个提供一系列社区设施的居住区。蜂窝形结构的屋顶上有倾斜的梁和柱，它们同时定义了内部空间并刻画了外部区域，再次强调了通过建筑在景观中刻画一个具有美学价值的外观的可能性。

属于一代人的文化主题

很明显，IaN+是国际研究网络的一部分，这个网络以20世纪90年代后期形成的建筑事务所的作品为特征。这些研究共同的、重要的认识围绕在领域与景观的概念周围，现在它们已不仅专注于建筑形态学，还专注于其生长性、概念性的过程。IaN+以一种特殊的方式将景观与项目建构的强烈自然力量关联起来。这个主题自然地导致生态学主题，继而导致有意的资源利用以及必要的设计和技术开发。这个特定的论题成为IaN+私人设计研究的一个关键主题，以便精妙地阐述一系列导则。

新生态学的原理是与代表20世纪90年代许多事务所大型研究领域的数码思想分不开的。IaN+写道："构成生态学的大部分概念与构成数码思想的概念是相近的：动态转变的概念导致现实演化的概念，关联的概念导致互相关联的过程的整体系统。在新生态学的概念里，建筑学扮演非常重要的角色，因为除了作为设计过程整体的一部分，它还对城市规划的根本变革作出了贡献，其实现方法是对概念以及与人类居住、自然和城市部分之中更为焦点化的关系中相关的规划参数的引入。"

将IaN+的作品与经常以理念化为特色的美国事务所作品，以及荷兰的批判式实用主义相区分的一个重要方面，是他们对于建筑与城市间的强烈关系的认识。这个论点根植于意大利建筑，尤其是20世纪60年代学院里以及阿尔多·罗西的作品之中（他通常把建筑看作是城市理念的预演）。很明显，在现在IaN+的作品中，那个年代代表性的形而上纯粹类型，已被对现今城市的杂交性、综合性和层级化角色（体现在生产与游乐周期并存、社会与种族的多样性、朝向周边领域的开口与连接等）的认识所取代。开明开放的活跃、多种族化的城市理念，塑造新的空间和功能，对已废弃的地区进行改变，促进旧城复兴，这些概念经常能在他们的作品中看到。

个性化建筑学研究的主旨

如果以上提到的内容是由IaN+进行原始破解，并决定新一代建筑实践指导原则的文化动机，那么让我们再看一看他们作品中循环出现的一些特定主旨，两者结合在一起，将决定他们的研究具有显著原创性。

首先，在IaN+的作品中浮现出建筑的一种象征性价值。IaN+完全不喜欢体量化的表达、水滴形面积的形状或是整形包裹的星云；他们更偏爱具有强烈唤醒价值的纯粹、清晰的形式。他们的建筑是通过形态说话并表达复杂故事的。爱沙尼亚的博物馆以及安格利尼集团新总部的梯形棱镜就是这种手法的两个例证。

在他们的研究中的另一个循环出现的主旨是赋予剖面表达，以高于方案其他表现形式的重要性。很明显，当我们说到剖面时，则意味着同时看到很多东西。首先是建筑与地面之间的关系，比如在della Verna大道商业中心里的悬吊地面，或是在台北琉园玻璃博物馆中的嵌入路径，都表达出原创性的重要设计。不过剖面还意味着两个方面：一方面是要以三维的方式思考功能流线，也就是要从全局塑造空间，而不是仅通过平面表达（如在"里加的堤岸"或是佛罗伦萨的"新Dada总部"中看到的那样）；另一方面，剖面是建筑机器的建设性、技术性以及环境性的预演，通常被看作是一个活生生的真实系统。

第三个主旨与结构有关，这在IaN+的作品中从来都是与两大基本主题分不开的。一个是建造的美学意义，它仔细地检视一项真实地交织着自然与人工主题的艺术研究（如在Nuovo Salario停车以及Reggio Emilia停车中，后者令人回想起由20世纪60年代好战的“激进建筑师”们进行的研究）；另一个是认识到新建筑建造时代的重要性，即新的技术和新的假设，可能以连续的格网或膜状结构取代原来现代主义传统的散点式系统。

当然，他们的所有作品都贯穿有建筑与自然、景观与建筑之间的新关系这一重要主题，适应新的真实社会的主题以及电子学的地位，使它们在文化上、历史上变为可能。

（备注：文章译自Antonino Saggio的*Thems Of A Tenacious Research*，有删改）

动态的平衡

IaN+事务所对建筑学进行了反思，把从其他领域（从消失的表演空间到大地艺术的混合空间）获得的理论与概念创造性交织起来，形成项目设计创新的动力。从埃森曼的范式到超现代的“乌托邦”，再到引入新生态学概念，他们的实验室如今给人们提供了大量工程项目与规模可观的建成作品，同时也将他们推向了国际舞台。这个景象是以一个关于领域和城市的新概念为基础的。Luca Galofaro、Carmelo Baglivo和Stefania Manna跨越20世纪70年代标志性的意识形态对比与学科基础，开始了一系列的实验，探寻在不存在明确界限与边缘的城市实现建筑的可能性。同时，他们在现代城市的非物质流及全球化新动力盛行对建筑学的影响等各方面作了有益的探索。

基于这样的思考，他们将项目刻画为一个不同物质积累的过程。建筑包括不同的物质，它成为空间容纳城市复杂动力系统的场所。通过一个选择的过程，可以分析出公共空间的主题，该过程的批评性导致了创新的研究。意大利的学院派不再对计算机革命所提出的复杂性作出回应，对他们从国际场景中获得新推动力的明确决心来说，这场革命已经成为其进行研究的一种模式。

自2002年初起，他们就在从事一系列社会性空间项目的设计。不那么显著的环境是一个表达不同解读水平的复杂题目。在现代主义时期，社会的期望被包含在纯粹形式的容器之中，而现今的公共空间则转变为文化和社会变迁的场所。

日本的星野富弘艺术馆项目综合了博物馆的矛盾性质，景观进入其内部空间。从齿槽结构清晰的聚合得到的灵感，被转译成一个内部、外部之间的关系网络。其不同的环境与地面分离，表达了一种可随时间进行形式演变的悬吊自然和突变地貌。这见证了一个关于材质以及体块复杂性的研究。这是一个没有障碍与固定搭配的场所，它打破了围墙的静态性，激发了当代生态学的动态性。从语言学的角度看，我们注意到一些将在事务所作品中循环出现的直觉：齿槽结构取代了表面化的空间，而立面上的材质处理运用了三维视角。

表皮被解读为一个产生强烈空间张力的体量。这是一个包含着自然过程及其最私密物质的建筑学，被悬起的几个不同的中庭表述着东方文化，着重强调一个有15个石头的庭园，其中避免了将空间一览无余的视线。通过该研究，认识到建筑学过程的一种新解读，它重新打开了环境的主题。

在2003年巴伦西亚第二届双年展中展出的微型“乌托邦”项目，是为Hiper Catalunya所设计，并在加泰罗尼亚高级建筑学院建成。在这个项目里，IaN+达到了一个最高成就。像来自美国的组合Diller + Scofidio一样概念化，他们面临着最困难的分界线——视觉效果以及在实际环境中的实现。

项目开始于这样一个假设：不能将城市解读为一个由一些局部组成的、具有同质功能的整体，它更像是一种超文本，其中共存着多个层面，是一个由各种场所交织组成的城市。他们所做的工作，如Galofaro自己所言，如同可以激发各部分间冲突的连读操作一样，及时地标志出领域，并决定经济和社会的复兴。项目探讨了两个题目：循环建筑和再生军事装备，以创造新的景观。这些战争机器被解密并赋予一种新的语义内涵，以消除堕落、暴力与破坏的记忆。与始于杜尚的最重要的欧洲概念性体验一样，与已提到的D+S公司的隐喻性景观相汇聚——微型“乌托邦”体现了建筑学反思性的一面，它可以将观众置于一种疑惑与混乱的境地。废弃的航空母舰被处理成生活与休闲的场所或非场所。“都市混合体”，即层级的城市及功能性的互相渗透，在此呈现出航程动态性以及可移动的价值。它与模型的实现相结合，被完全治愈，成为这个罗马事务所作品的特征。设想中的模型像一个探索工具一般，倾向于还原一种物质性：遵从概念以使之变得活性，在物质层面推动景象，以及将那些阻挡不了的事物冻结。

在这个动态的“乌托邦”里，不再存在边界与障碍。新生态学的概念变得越来越强大和重要。从它独立出一种新的研究：聚焦于个体与空间之间的强烈关系。Antonino Saggio在德勒兹和加塔利于“Antiedipo”中所探究的理论基础上所写的，从与工业社会相关联的需求客观性，说到信息社会的新事物——欲望主观性。这种欲望与把意义还给空间的必要性一起，共同代表了这次变革。IaN+的生态学思想探寻着城市动态网络与支撑着这些关系的建筑之间的张力与平衡。研究方向由物体转向了建筑与环境之间的关系。

在这个论题上，爱沙尼亚国家博物馆项目更加揭示了与生态和景观主题的结合度。不过，什么是景观？它肯定不再是静思自然的场所，而更是一种动态的空间，其中伴随着时间的变化与修改已取得了平衡。这个方案位于塔尔图市的Emajogi湖的边缘，该地区已见证了强烈的干预：一个军用机场以及旁边的一个发射场。

该方案突出一个流动性标志，它同时是一个繁荣的地下环境（与地面脱离以宣布其独立性）中创造的空间原型。对博物馆的考虑涉及不同的气候与风向。IaN+设计了一种交互式的蜿蜒新结构。在内部空间里可以体验到一种实验感，这在2001年的佛罗伦萨的Dada新总部方案中得以实现。在这个方案中原有建筑被其中一个平台穿过，平台被挖空并侵蚀，与Gordon Matta-Clark的概念性作品相似。

在爱沙尼亚国家博物馆方案中，建筑与景观之间没有区别：空地通过一种类似自然的过程被转化为实体。在台北琉园玻璃博物馆项目中，博物馆成为环境的一部分，包括景观在内一起成为台北这个由公园系统提供了丰富绿色环境的城市的一部分。在项目图纸中，事务所提出了一种围墙的范式，它围合起一块绿色空间，传达出一种原型感：一方面重新建立起与伊特鲁里亚的基础和局部的罗马城的意象联系，另一方面以最小规模记录关于大地艺术的探索。由IaN+规划的博物馆是一道围墙，它描画并包围景观。方案的选择立即变得可以理解：利用逝去的时间，创建一条通向外部世界的路径。经过、横贯、探索，是将当代空间组合体引入一个内部宽广关系网络（它将观察者引向探索与感官感知）的原则。博物馆被想象成绿色区域中的一条视觉参照轴线，将它加强的是一个类似刀片的竖直薄体量，它容纳了办公室以及定向空间，于是它们转变为地标。流动构成了一个物质和非物质的距离矩阵，目的是在不同公园之间激发一种连接。信息技术所表达的流动理论，被转译为一种空间的组织性原则，向玻璃博物馆内部开放，把时间因素作为一种功能范式引入。建筑师们在内部进行类似约翰·凯奇式的音乐编曲，注重停顿与空白，并将它们转化为醒目的素材。简约的主题从密斯开始就成为建筑学的一种期待，在艺术上由新现实主义艺术家Yves Klein进行了探索，他于1958年在巴黎完成了惊人的作品——“空白”。博物馆的空间被认为与一条道路相类似，该道路漠然地将展览、沉思、娱乐及车间等房间结合起来。沿着这条道路，展览空间像从主路上扩张出来的口袋一样对外开放。玻璃被用做博物馆的一种空间物质，显示出其所有特征的优点：透明、模糊性、材质性、颜色以及不透明性，反映了城市的动态性质。亚洲的第一座玻璃博物馆成为透明性的含混性质的宣言。玻璃与透明性是现代建筑的重要主题，使人们可以进行双层阅读，由内而外和反过来。在现代运动的诗篇中，玻璃呈现了建筑学的客观属性及其逻辑建构。IaN+与计算机技术的复杂主题相符合，提出了一个记录着精致建筑学的表皮。在此，已经显示的透明性信息被赋予隐喻性意义。立面的处理强调了外部世界在博物馆特定表面上的反射，转变了对内部世界的注意，使人们聚焦于暴露的物体。对玻璃的不同处理并不是代表技术方面潜力的计算，而是意在加强视觉感知的原则。外部被处理得像被侵蚀的石材，而玻璃取代了石材，通过曲形带形成了一个模糊图像的变幻不定的环境。沿着外部空间运动的观察者将有一种与具有抵抗性的不定型物质相碰的感觉。IaN+几年来进行的实验使他们明白，有必要经常把他们的建筑立面当作一个结构来建造。从这个角度看，在2001年与Laura Negrini一起规划的Nuovo Salario停车建筑方案，与前面已提到的新星野富弘艺术馆项目(2002年)一起进入视野，同样的立面被玻璃体量的洞穴所取代。在台北项目中对玻璃的使用回应了地方化需求，它使得对景观的解读与内部空间相结合，并根据展览区或娱乐区塑造了一个过滤器。由里勃斯金和盖里提出的对博物馆性质的探索——应该呈现教条容器的一面还是应该成为艺术作品的一部分——激发了此方面的思考。事务所以竞赛任务书作为出发点，把作为客体的博物馆转化为其自身的主体。

博物馆立面的玻璃是倾斜的，以便更好地展示其转瞬即逝的不断变幻的一面和物质性或概念性地反射的可能。根据展览的要求，外部墙面可以作为展览陈列橱窗。地面上挖空的空间里容纳着公共功能：网吧、商店、咖啡厅及其他娱乐场所。博物馆的功能由一个简单的规划决定，较复杂的部分则由一个剖面中可见的体量规则表达。首层与建筑的上部没有连接，它引入棱镜形的体量，决定了内部景观的复杂性，与外部的在窄窄的水线与公共广场之间的展示空间一样，目的是以一种结合了意大利传统常规形状与中世纪偶然距离的矛盾空间性，分解围墙的性质。这个内部领域是事务所方案中最具创新性的一面，它将注意力集中于地面上进行的研究，从地形中生长出来的表皮，创建了剖面中所显示出的得以清晰表达的建筑。地下空间避免了传统的地下室逻辑，没有排列，而是玻璃区域，它将光线引入，并将其直接传送到围合的公园内。映入脑海的，是一幢以减法为基础的建筑，几个世纪以来它在土地侵蚀空间中找到了合适的表达。建筑与地面之间的这种张力成为一种激烈的研究。IaN+探寻着保持领域感的空地与项目慢慢滋长的新过程之间建立的关系。事务所还完成了Parco Nord - Arzano体育城项目。这里有从边缘、通道及奇特边界处散发出的景观回声。在这个格网里，项目包含了当代城市中的沉积性质，仿佛一个共存着不同时代的熵沉淀物的重写本。项目总是暗示着转变，不过自然与人工的结合存在于地面形状的塑造之中，如同玛雅文化中纪录太阳平台的浅浮雕，或者是远古时代的巴比伦金字塔。系统将自然道路的交织与城市公共空间相融合。这关系到对于现代城市规划的关键的功能性、均质同一空间观念的超越，同时得益于与时间相关的观念：遗传建筑学从其地域的特定条件中汲取生命。总之，他们的生态学思想从建筑与环境之间、空间与个体之间完全的相互独立之中获取了生机。于是，围墙或是环境与特定的功能相联系：运动城市、生物城市以及玩乐城市。从运动城市、农业生产城市到休闲城市，方案提供了对公共空间的一种新的解读，它与过去几十年中无情占用领域的定居政策针锋相对。

IaN+的建筑为专制体系提供了另一种解答方式。它带领我们进入一个关联性的程序，在这里记忆与当下互相连接。在Arzano中，空地战胜了实体体量，实际上，正是社会性空间创造了景观。

（备注：文章译自Antonello Marotta的*Dynamical Equilibrium*，有删改）

Estonian National Museum /Tartu,Estonia

01 爱沙尼亚国家博物馆

塔尔图，爱沙尼亚

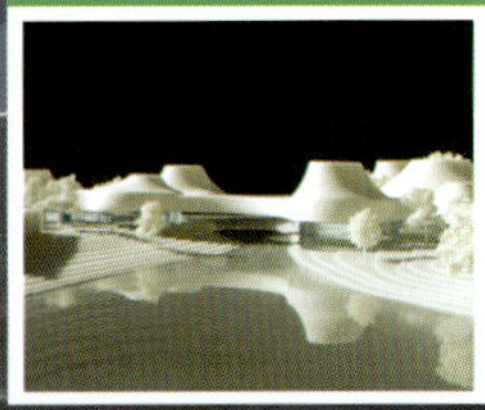

爱沙尼亚国家博物馆方案体现了对地段及其有趣地形的精妙理解。火山口般的外观以及对声音传播的分析导致了一个宽大圆形体量的集合，它们形成一种新景观，一种介于人工与自然之间的环境。它不仅是一个用于展示的地方，更是具有多重职责的社会中心。

爱沙尼亚国家博物馆被设想为城市公园——基础设施的景观的一部分，是一个国家文化遗产的容器。它不仅是一个用于展示的地方，更是具有多重职责的社会中心。爱沙尼亚国家博物馆公园不仅是爱沙尼亚文化得以陈列的场所，而且更主要的是一条人工道路、一片博物馆景观、一场穿越某种文化和某个地段历史的漫步；它是与爱沙尼亚人的文化紧密相关的自然场所，是用于互动和集会的场所，同时也是深入了解民族风情、学习其风俗和传统的场所。本案试图通过对各个系统理解并整合，创造出一处新的综合景观，各系统如下：

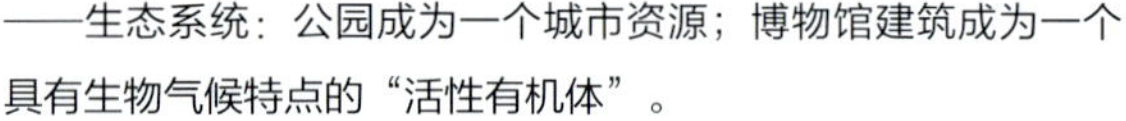

——生态系统：公园成为一个城市资源；博物馆建筑成为一个具有生物气候特点的“活性有机体”。
——历史系统：革新并与历史存在相联系，以便保存场所的历史价值和特性。
——文化系统：博物馆作为通道，提出艺术与生态话题。
——社交系统：博物馆作为一个社团场所，具有一系列加强社交互动的功能。
——娱乐系统：一个综合体，可以为塔尔图市的这一部分重新注入活力。

地段

地理构成了本项目的设计方案：建筑物在新的博物馆地形与原有地形的重叠之中产生，形成一种新的文化景观。博物馆建筑是一片人造景观，它与周边的自然环境相互融合。周边环境与被过度强加的综合景观相互交织和影响；地形上的这种操作的结果是将两套系统合成为一个连贯、进步、创新的系统，它巩固了地段的地理材质特性，而不是仅仅在其上附加些什么。

爱沙尼亚国家博物馆公园由其自身系统——河、湖、土地以及建筑（综合景观）的实际操作和交叉所控制，形成一个灵活的基础设施，以应对这些系统转化和变迁时可能发生的变化与调整。地段地形的重新组织将对与程序性规则有关的内在动力学以及两种地形的外在互动作出回应。

地形的法则是由内在动力学导致的，是筑造性的构成，是爱沙

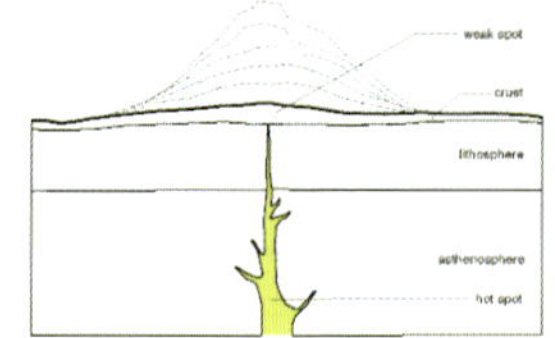

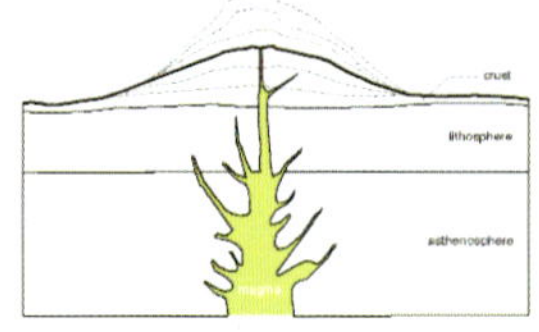

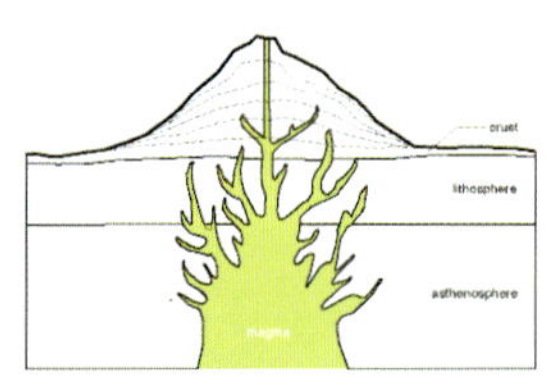

爱沙尼亚现有地形的沉积

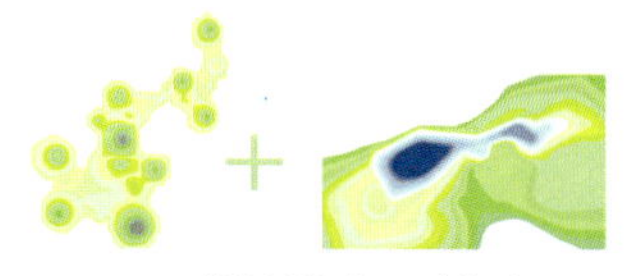

博物馆地形 + 现有地形

综合地形成因分析

概念模型

尼亚文化遗产历经时间沉淀的结果。储藏区没有被当作是一个静止的实体，而是成为一个动态体系，指导着综合景观的扩展并与收藏区相联系，它具备成长的空间和展览的灵活性。所形成的人造景观拥有一条清晰而有特色的天际线，于是不仅成为个性的象征，还成为塔尔图市甚至整个爱沙尼亚文化遗产的地标。

博物馆建筑像树枝一般在地段内伸展开，连接着湖的南北两岸，成为生活和体验景观的重要场所；立面的蜿蜒边界定义了向不同活动开放的不同领域。这些被侵蚀的边界在首层变得柔和，欢迎人们进入。侵蚀（像现代艺术博物馆MoMA花园中的雕塑一般）形成了渗透性的边界，让人们穿过。这些部分允许户外附加的程序性区域，比如户外剧场、露天影院、雕塑花园、装置区域等，赋予地段另一层意义，同时也保留了各组成元素的多样性。

景观中的这些展览与程序性空间，使公园能够在博物馆内进行功能性整合，从而成为整个中心的结构元素。公园与建筑进行对话，并与其物质形态结合，成为塔尔图市这部分地区复兴的催化剂，把人与商业吸引进来，并把当地社区也引入对话。从总平面上看，方案建议将Raadi庄园建筑综合体复原，以容纳艺术家的住宅和工作室，进而放大该地区的文化品质。“Raadi庄园艺术中心”将为新的艺术作品和思想的创作过程和发展提供无与伦比的环境。该中心将为正在涌现或已确立地位的艺术家们提供可贵的时间和空间资源，以进行开放式调查、实验与合作。艺术家们在社会和伦理问题创新性的重新定义中扮演十分重要的角色，他们激发的合作可以开发环境保护的新途径，促进社区建立并为社会变革提供催化剂。

在博物馆中，方案定义了一系列在不同时间使用的各自控制的空间；这些被精确定义的空间之间的关系形成不同的力量场，其吸引力激活了它们中间的部分，即所谓的联结组织。博物馆中的空间在上下贯通空间中伸展并得以清晰阐释：在圆锥形“合成山丘”顶部的上下贯通空间，温室中的上下贯通空间，以及连通各层的圆形上下贯通空间。该博物馆—基础设施—公园是随着时间灵活变化的；最终，它将针对程序需求进行演变和发展，对自身进行再创造以保持现代的主题性吸引力。

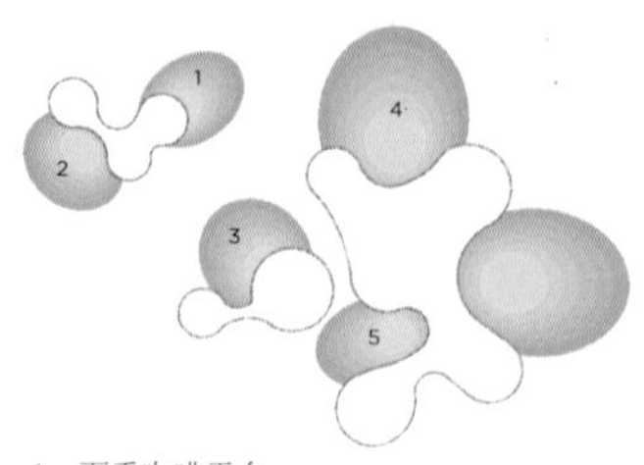

1 夏季咖啡露台
2 户外剧场
3 咖啡露台
4 雕塑园
5 露天电影院

室外区域

活动岛
早9点至凌晨1点
剧院
会议室
演讲厅
教室

体验岛
早9点至晚6点
展厅
工作室
储藏室

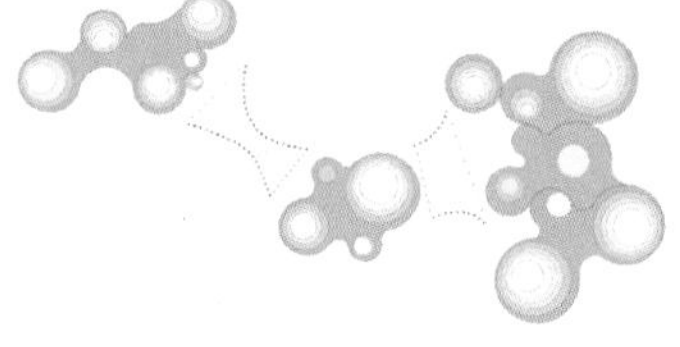

休闲区
早9点至晚11点
商店
开幕厅
咖啡厅—餐厅
办公室
聚会厅

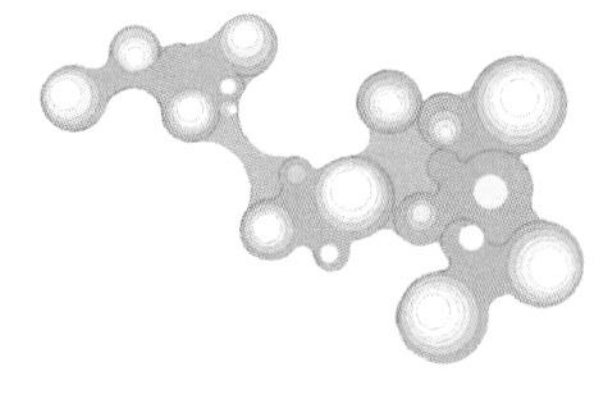

不同地区之间的力场激活了联结组织

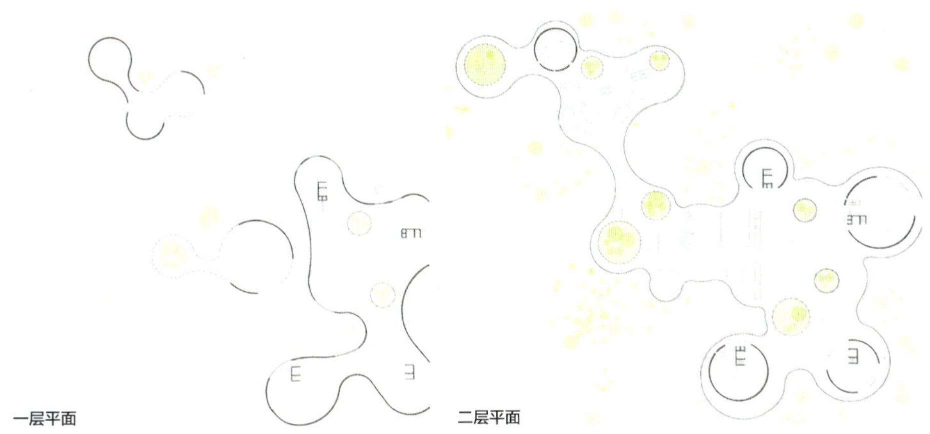

一层平面

二层平面

树状生长

建筑在地段上自然地伸展，像一个枝形结构。建筑的大部分是两层的，只有独特的“筑造性构成”（即比较大的圆锥体）在其内部容纳更多楼层，包括不同的功能，如另一层展览、办公室以及教育区。建筑入口在其核心的二层大厅处打开，而向外以一种离心形式伸展开各种功能。较低一层的大厅与咖啡厅和“暖房”平台相连，并与楼上的主大厅连通，两层办公室结合在一起；其中一层还与南部的展览以及北部的公共部分相连。博物馆—景观在自然景观中延伸，建筑的一部分横跨一片连通两个原有湖泊的人工水池，将教育与公共空间所在的北区与会堂、餐厅以及礼堂连接起来。

集中密度–活动的定义

在南区，展览区域围绕四个结构核心展开，这些核心即是指导综合景观生成的动力系统的核心，包含储藏空间，并把收藏区与工作室、储藏库及实验室所在的较低层联系起来。灵活开敞的博物馆散步平台被安排在核心周围；展览路线是一条流畅折叠的道路，延伸进入圆锥体内部展览层的储藏区域，将“收集”变为“收藏”；这个“弹性”的系统无论对临时还是长期的收藏都一样适用。展示厅对展览需求作出回应，因而具有极大的灵活性。实际上，根据要展出的展品，可以有多种展览布置，比如“小、中、大”，如果需

展览空间配置

概念模型

建筑跨湖架空部分透视

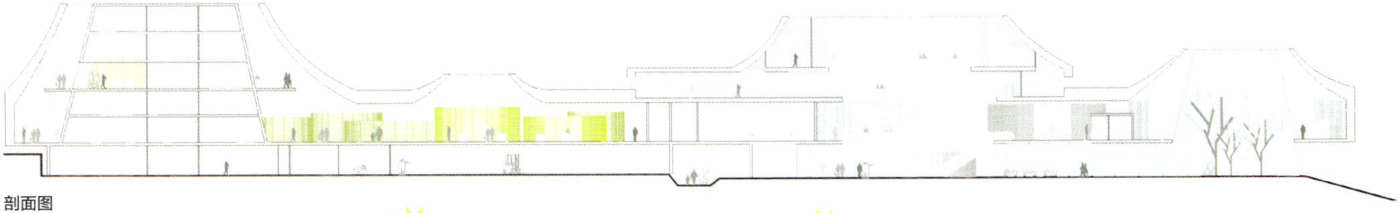

剖面图

日光控制装置

收藏空间

公共空间

办公区

绿色庭院

外观夜景
公共区大厅透视图

要，长期收藏最终可以散布到临时区，反之亦然。推动此“集中密度”选择的将包括空间、叙事、光照、工作量以及在与展览会馆保持一致的情况下各部分如何互动的问题等。方案提供了三种展览空间：私密亲切的，开放流动的（在某一楼层），以及补充的藏品空间（在几个不同楼层）。

储藏层被系统地安排在上下贯通空间周围，保证了必需的自然光。这是整个博物馆的基础，是重要核心，从这里建筑向外衍生并在地段上铺展。四个主要的垂直储藏核心及其竖向连接，从这里向下分离，塑造了景观。在东侧，有装卸货的入口。

公园

公园与博物馆之间的关系是被动—主动的，它们各自的角色是可互换的。当公园形成博物馆边界时，它是主动空间，而当博物馆在其后伸展时，它又成为被动空间。

对地段的操作使功能区域围绕在博物馆周边：停车场、入口、公园、室外剧场和戏院以及雕塑花园。

屋顶平面图

两片湖泊连接在一起，以便为博物馆营造一个人工的“水公园”，在这里可以组织多种多样的活动。

设计方案建议了三种公共公园：湖边的“生态”公园，保留Raadi庄园周边古老设计的“设计”公园，以及在两湖交汇处与博物馆相连的“玩笑”公园。

技术数据

该混合结构将由独立的结构核心以及与之相连的支撑钢筋混凝土轻屋顶的梁柱桁架系统组成。

展览布局的“核心”将与屋顶孔径相关联：较小而温暖的环境将适宜小件物品的陈列，较大而开敞的空间则适宜展出大件作品。屋顶孔径扮演了光线控制设备的角色；日光中的暴露程度将由不同设备根据区域以及程序的需要进行控制。在公共区域将使用日光直射，以便有更好的光效，并能加强与室外的联系。在展览区域则避免日光直射，遮阳系统只允许漫射光进入，其强度则根据保存条件进行控制。内部的绿色庭院将成为一个温度调节设备，在夏季控制热量吸收，而在冬季减少热量损失。轻盈的表皮上散布的孔洞，保证了必要的直射光和自然通风。它们在夜间则刻画出一个有特色的景观，博物馆完全与周边景观及充满星光的夜晚融合在一起，再一次使建筑成为爱沙尼亚人的壮观地标。

02 不来梅艺术馆扩建

不来梅，德国

不来梅艺术馆是原有古典式博物馆旁边的一个加建项目。IaN+选择在博物馆上附加一个棱镜形建筑，形成一个C形，包围住原有建筑。不同的功能和剖面以巧妙的方式共处，新老之间的对比也得到了极富智慧的解决。

这个为不来梅艺术馆扩建所做的方案的主要宗旨是对AmmWall街上的Düttmann以及Palatano原有建筑进行保护，以在新建筑方案中将其完全包围。这项举动参考了现代艺术的不同手法，比如围合（Damien Hirst）、切割（Gordon Matta-Clark）、将不可见的变为可见（Rachel Whiteread）以及将可见的变为不可见（Christo）。

老馆现状

一样东西的价值在其经过一个操作过程后会增高，Düttmann的原有建筑完全被围合在新建筑内部，围合方式保持了时间的层次过程，随着时间流逝形成博物馆的特征。为了保护而围合是一项夸张的举动。选择将物体掩盖，其实是为了促进其价值的提升。

新建筑

新建筑的加建范围与竞赛给出的地段红线部分重合，但在AmmWall街例外地超出红线，把树木包含进来以进行保护。建筑北部和南部的加建部分放大并增加了博物馆的功能，而东侧则体现了连接系统和竖向布局。

功能布局

零层，标高+12.20米，展览区和递送区：这是原有建筑展览层的延伸。装卸货区的入口通过一条可移动坡道（可抬高或降低）与AmmWall街相通，同时也连接了室内标高与街道平面。AmmWall的展览区将树木围合。

一层，标高+17.00米，收藏室：Düttman建筑的屋顶即是博物馆的收藏层；屋顶上的天窗计划拆除，留下的空隙将保证收藏层与展览层间的视觉联系。

二层，标高+20.85米，行政和图书馆：最后一层是为行政以及图书馆保留的私密层。位于东侧的楼梯和电梯上有专门通向这一层的通道。

地下一层，标高+8.75/+6.90米，绘画修复与博物馆教育：绘画被安放在与原有建筑的修复区同样的平面上；由地面层与街道平面的高差形成的边长1.2米的方形窗户将其部分照亮；一部楼梯

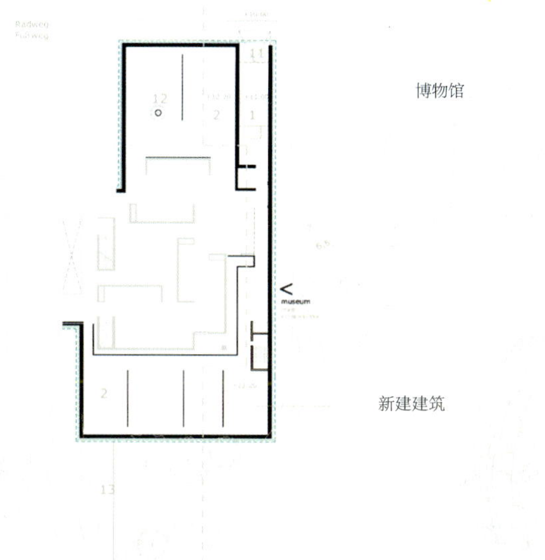

1 配送室
2 陈列区
11 折叠式装卸区
12 梧桐树
13 人行道

一层平面图

设计理念：冰块的透明性，可见与不可见

二层平面图

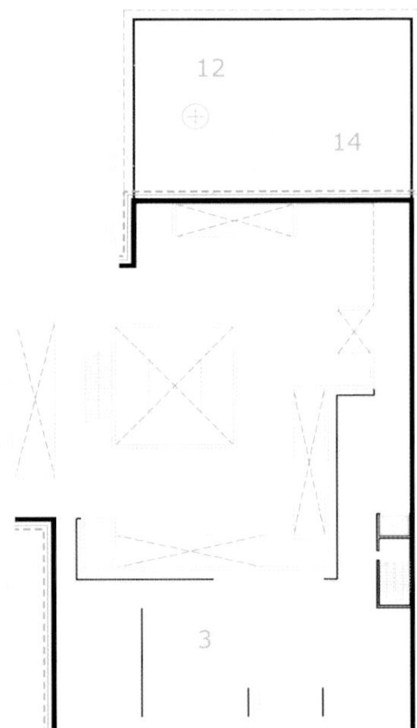

3 收藏库
12 梧桐树
14 露台

东北方向透视图

三层平面图

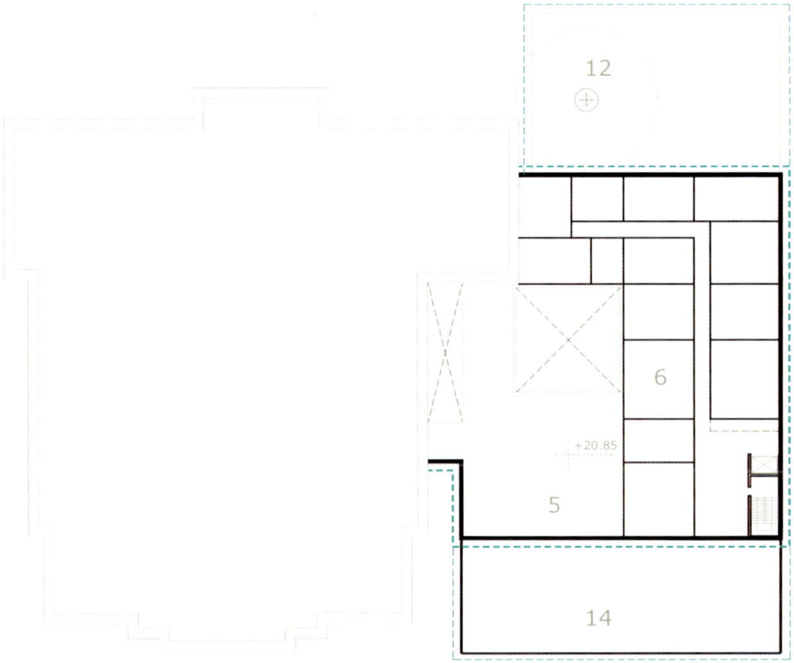

12

6

+20.85

5

14

5 图书馆
6 管理室
12 梧桐树
14 露台

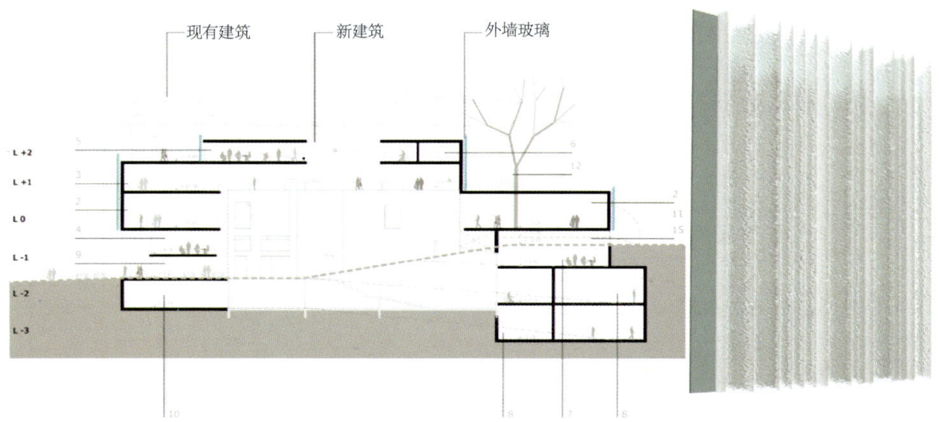

剖面A—A

功能区示意：
1 配送
2 展示空间
3 收藏
4 博物馆教育
5 图书馆
6 管理
7 画室
8 贮藏
9 咖啡
10 技术维护
11 折叠式装卸区
12 树
14 露台
15 画室天窗

及一架货梯直接联系一层平面与其下方的商店；博物馆教育区面向南部的公园，其中一部分占据了原有建筑中的办公室空间。办公室被挪到二层。

地下二层，标高+5.63/+2.10米，储藏室、咖啡厅及辅助用房：该层位于两个不同标高上，因为原有功能的中间层与新的不同；商店朝向AmmWall街，而新咖啡店则面向公园。

地下三层，标高+1.73/-2.70米，储藏室及技术维护用房。

立面

D ü ttmann建筑以双重立面为特色。乳色玻璃与透明区域的交替使人们可以看到原有建筑被围合在新建筑之内。玻璃表皮由玻璃制成的遮阳构件与围绕竖轴转动的半圆形部件组成。它们提高了室内的空气含量并有助于更好地管理室内微气候。由于这层玻璃表皮，博物馆呈现出双重外观；在白天，新建筑成为主宰；而在夜间，室内照明则使D ü ttmann建筑变得可见。这是对立因素的展示：积极—消极，出现—消失。

Tittot Glass Museum / Taipei,China

03 琉园玻璃博物馆

台北，中国

本案作为一个介于公共与私密空间之间的流动开端，成为景观的一部分。它与自然、周围城市及不同展览区域之间的关系，通过玻璃的不同实质、美学和技术属性得以强调。玻璃构成了博物馆本身的物体和程序，它被当作一种实体材质运用在设计中。

台北市坐落在一个公园的网络——一个绿意盎然的自然环境之中。在这里，亚洲第一座玻璃艺术博物馆——琉园玻璃艺术博物馆被设想出来，其宗旨是让更多的艺术爱好者体验中国玻璃艺术之美。

新建筑的基地位于一个公园系统之中，坐落在艺术公园、足球体育馆和台北市美术馆的旁边。博物馆被设想成一块圈地，一个介于公共与私密空间之间的流动开端，它成为景观的一部分。方案的主题是要实现一个简单的排布，将建筑摆放在地块的边缘，以此整合景观并将其变为博物馆内部的一部分；博物馆的房间“没有约束地”沿着主路排布。这样一来博物馆将通过其立面与城市之间形成“城市性的关系”，而通过其内部庭院与公园形成更亲近的关系。

设计方案的目的很明确：按照礼仪性的时间顺序创造一条对外界开放的路径。博物馆被设想成一条重叠在其自身之上的展览路径，一个由竖直的“叶片”得以加强的线性系统，在“叶片”中布置管理和行政办公室。流线形成了物质及非物质的路径矩阵，意在产生一种连接不同公园的互换汇合点。路过、体验并探索，是在一个宽广的连接网中引入现代空间构成的原则，它们带领人们进入旅程并带给观察者知觉感受。

玻璃被用作博物馆的空间材质，展现出其所有的内在特性：透明、模糊、材质性、颜色及不透明性；它通过反射展现出城市

的动态特征。亚洲第一座玻璃博物馆成为透明性的含混性质的宣言。玻璃与透明性具有双重解读，由内向外及由外向内。玻璃可以典型地展示自身，同时它也显示出变化和转瞬即逝的一面，并有实际或概念性地进行反射的可能。

博物馆被布置在一幢两层建筑里，而办公室和总部则位于瘦高的“叶片”之中，“叶片”在停车场平面包含了大堂、一些办公室以及用于临时展示的展览空间；顶端的两层里有餐厅和屋顶花园。博物馆的首层平面包含了一系列展览厅，展示着玻璃制造的演变历史。在路线的尽头放置了制造车间和工作室，它们成为展览路径的一部分。地下区域包含一系列的公共功能，比如咖啡厅、书店和网吧。“叶片”塔楼成为一个竖直的地标，与台北市的天际线相呼应。而在夜间，它作为台北艺术公园中的一盏灯笼，向世人标志着博物馆的存在。

设计理念：围栏意象

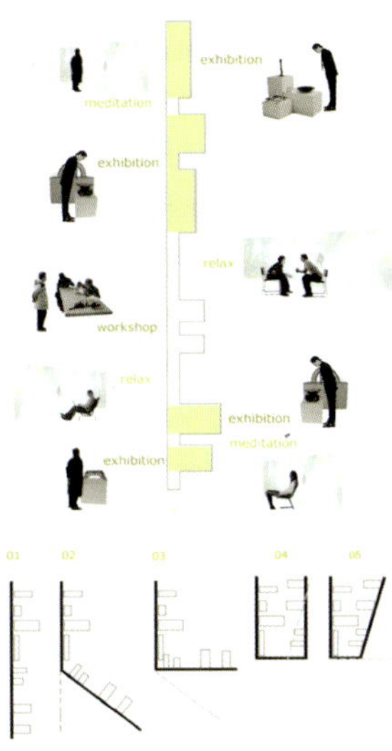

功能与空间序列分析

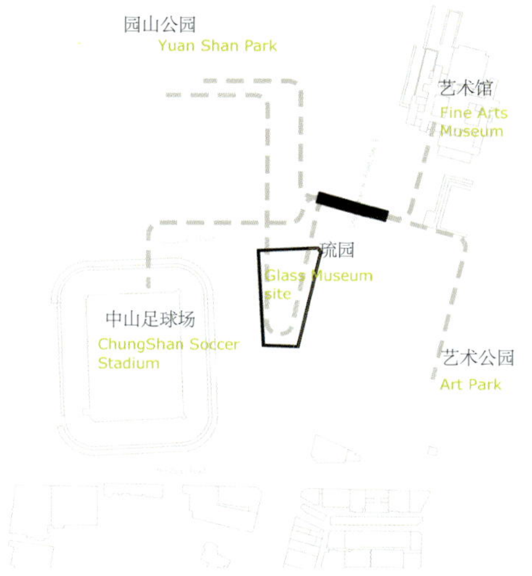

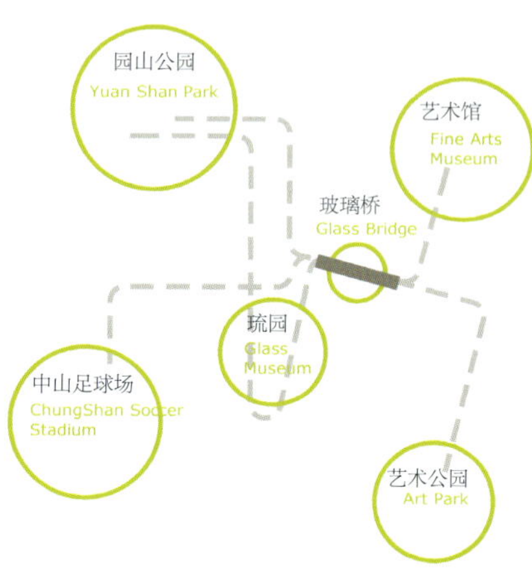

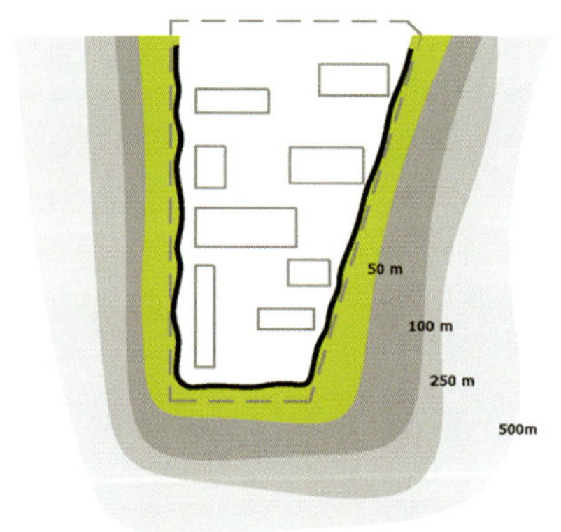

模糊的感知

视觉和感官体验取决于玻璃立面反射城市形态和颜色形成的不同波动。

玻璃技术的潜力以及材料的特性使人们可能根据观看的距离和视角创造出不同的场景和变形的城市形态。

景观

给定地段的形态决定了一幢封闭的建筑及一个内部的景观空间，一个亲切、私密、有水的自然空间。

一段连续玻璃表皮倒映在水中的效果也增加了空间的视觉和感官体验。建筑的倒影是自然环境的一部分：自然景观对应人工景观。

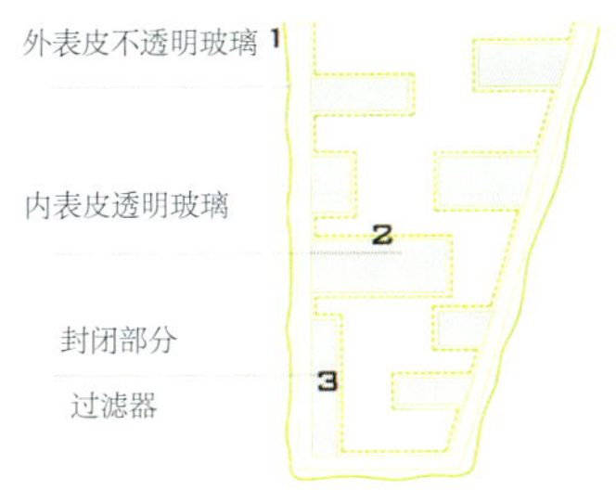

三种不同过滤器

1 不透明玻璃　2 透明玻璃　3 贴近的部分

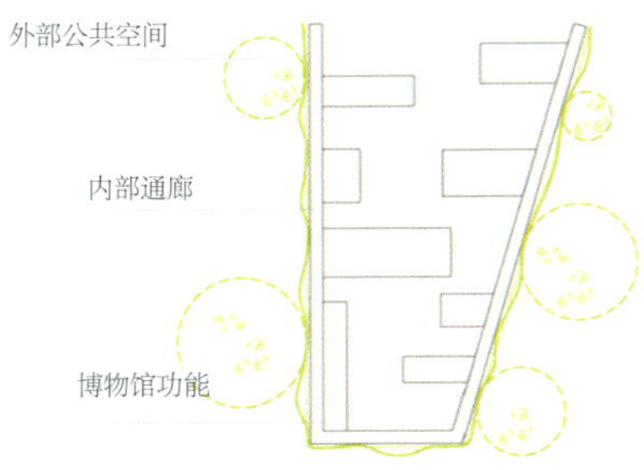

无形表皮

外部的玻璃表皮体现出城市的流动性，无形的特质使其能容纳新型公共空间。

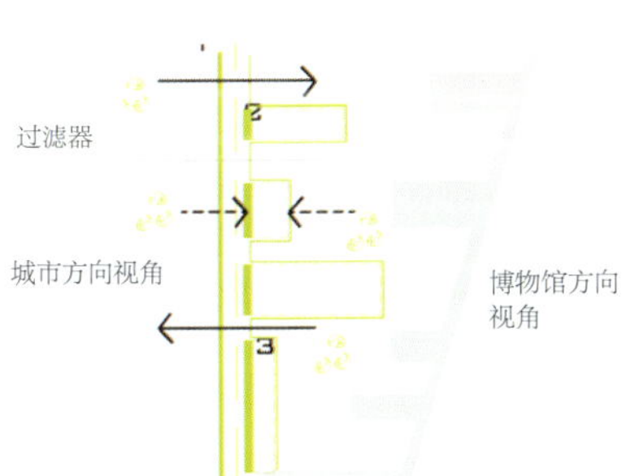

城市环境关联

从不同的角度、透过不同的过滤器观看，会对博物馆形成不同的观感。

过滤器 01
对玻璃性质的不同运用，形成城市、博物馆及内部空间之间的不同过滤器。

过滤器 02
不定型的玻璃增加了影像的扭曲。反射出的形态掩盖了建筑的原本面貌。
玻璃技术开始让建筑的形态和边界消失。

过滤器 03
有色材质

过滤器 04
水平的波动

微景观

玻璃是建筑的主要特征元素。
玻璃博物馆作为一个概念，展示了美学和技术上的不同可能。依据不同的过滤器以及建筑围合构件的不同表皮，可以营造出周边的不同微景观。

场景1
透明景观
场景2
反射景观
场景3
城市景观

自然景观
反射景观
展览景观

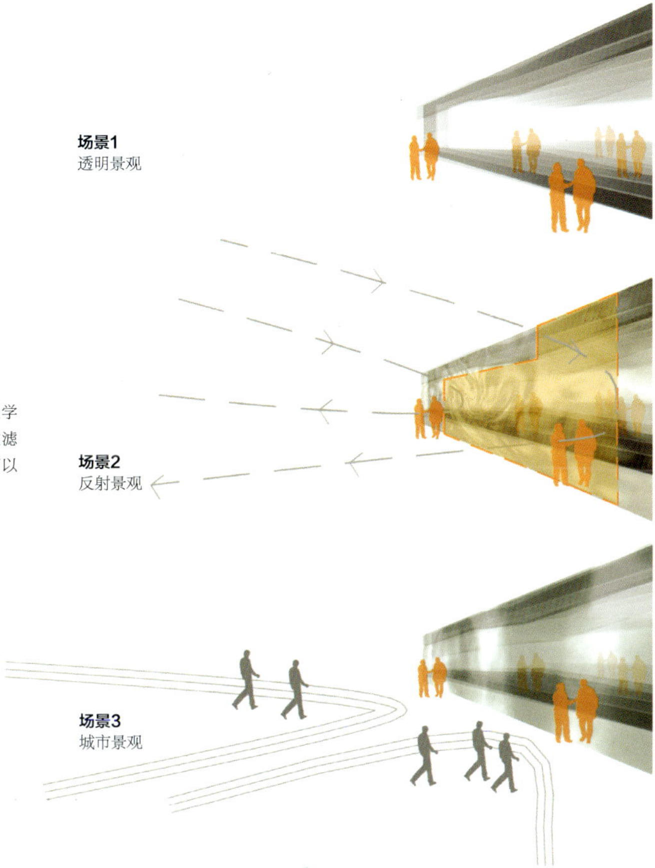

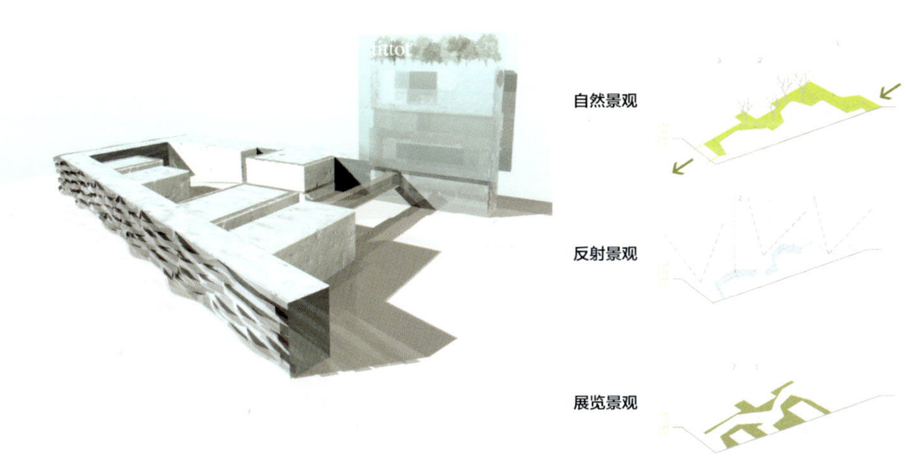

西南外观透视

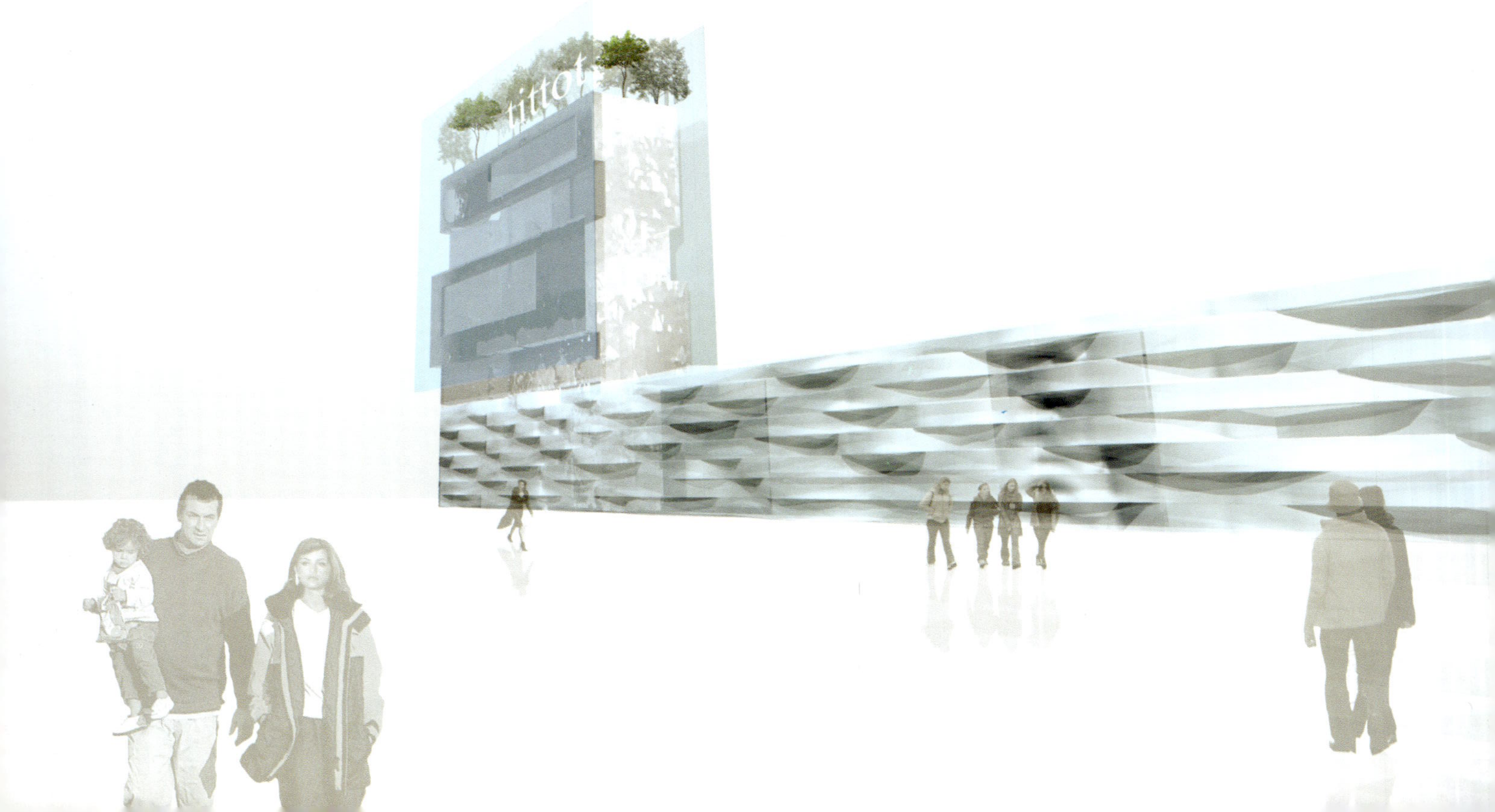

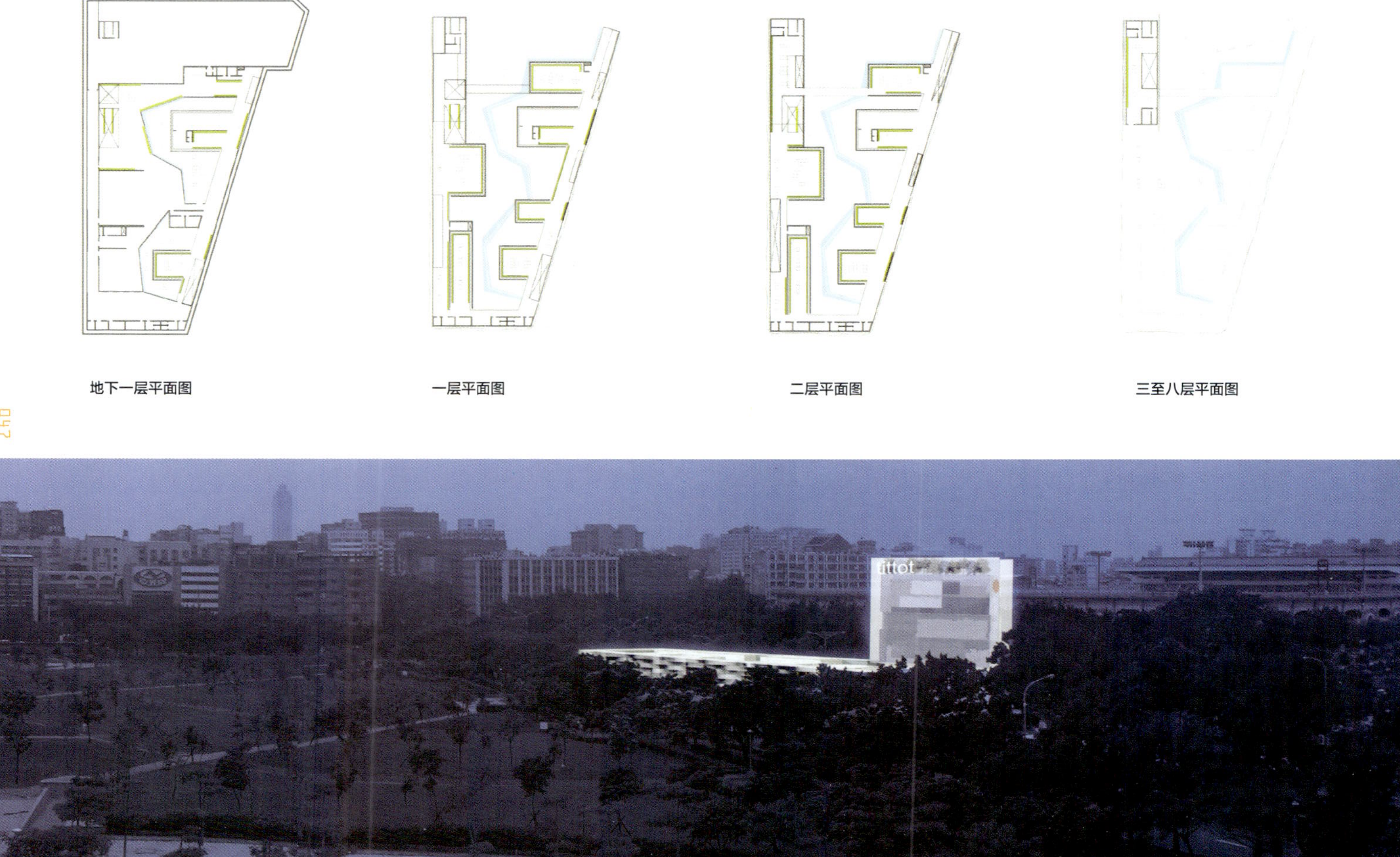

地下一层平面图

一层平面图

二层平面图

三至八层平面图

external Glass wave
adjustable bracing
horizontal rotation joint
cast alluminium arm
internal Glass panels
horizontal rotation joint
supporting structure
Glass frame
insulating glazing

玻璃幕墙大样图

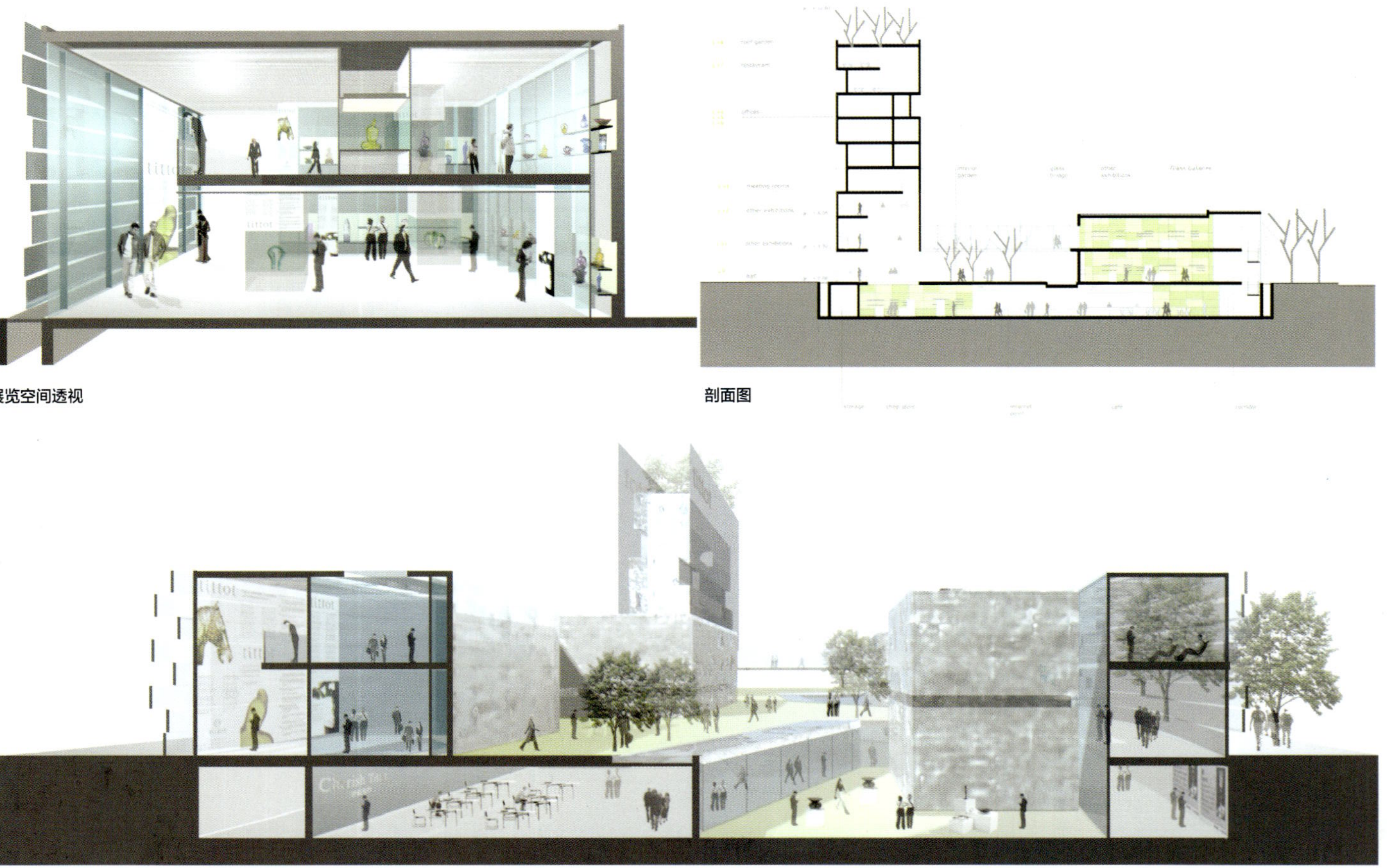

展览空间透视

剖面图

剖透视图

tittot

Daugava Enmbankment / Riga,Latvia

04 里加的多加瓦堤岸

里加，多加瓦

里加的多加瓦堤岸方案设想了一种基础设施，它试图质疑并改变某条连接着市中心与河对岸新开发区的桥梁的意义及其建筑原理，同时，它还试图对码头系统进行反思。

过去的欧洲，河流象征着城市发展的中心，而河岸上的公共设施则使城市空间恢复生机。

里加的交通和历史中心拥挤问题，将在短期内达到与其他欧洲城市一样的危险水平。保护历史中心，即意味着保存堤岸上的空白空间，并把它当作一个公共连接空间。保护面向老城的开放空间，应该加强历史中心与河对岸的城市间的关系。

方案中的石桥作为进入城市中心的交通基础设施、一个新的功能性的城市拓展，是城市两部分间的连接，而堤岸不仅是一个可停留的地方，更是一个连接空间。石桥通过将自身转变为一幢包含有公共连接功能的建筑而实现了重新功能化。

作为建筑的桥，容纳有图书馆、博物馆、购物中心以及一些开放空间，以此促进里加城市的全面发展，保持其典型的天际线并促进公共灵活性；一方面加强了城市两部分间的联系，另一方面，灵活性和可变性日益明显地表征着伴随区域及其功能改变的城市生活。

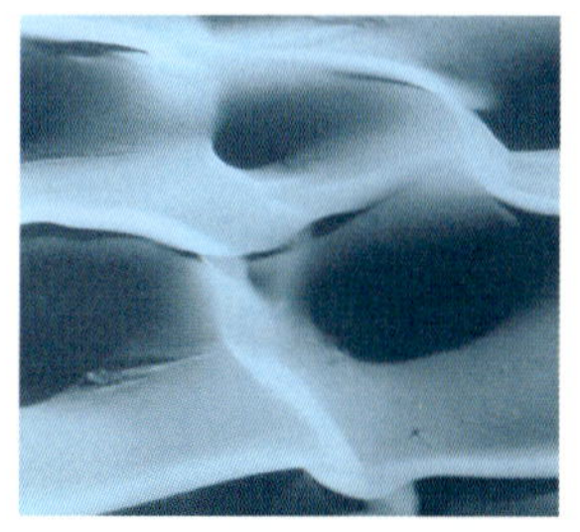

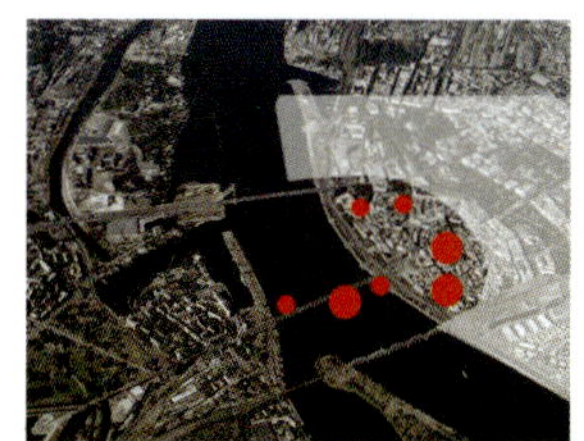

基地现状分析图

总平面图

总平面图

CENTRA
VECRĪGA
RAJ.
Pils lauk.
Toma
Saeima
Doma lauk.
Hotel de Rome Riga
Konventa
RTU

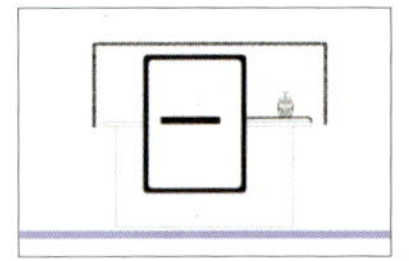

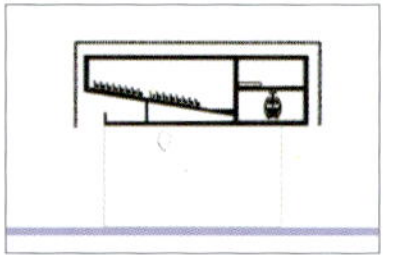

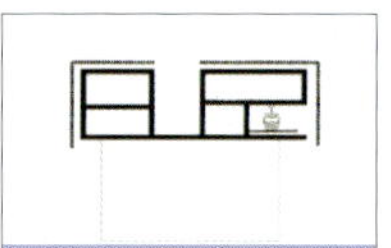

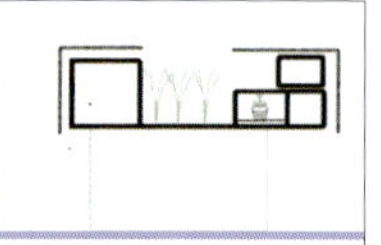

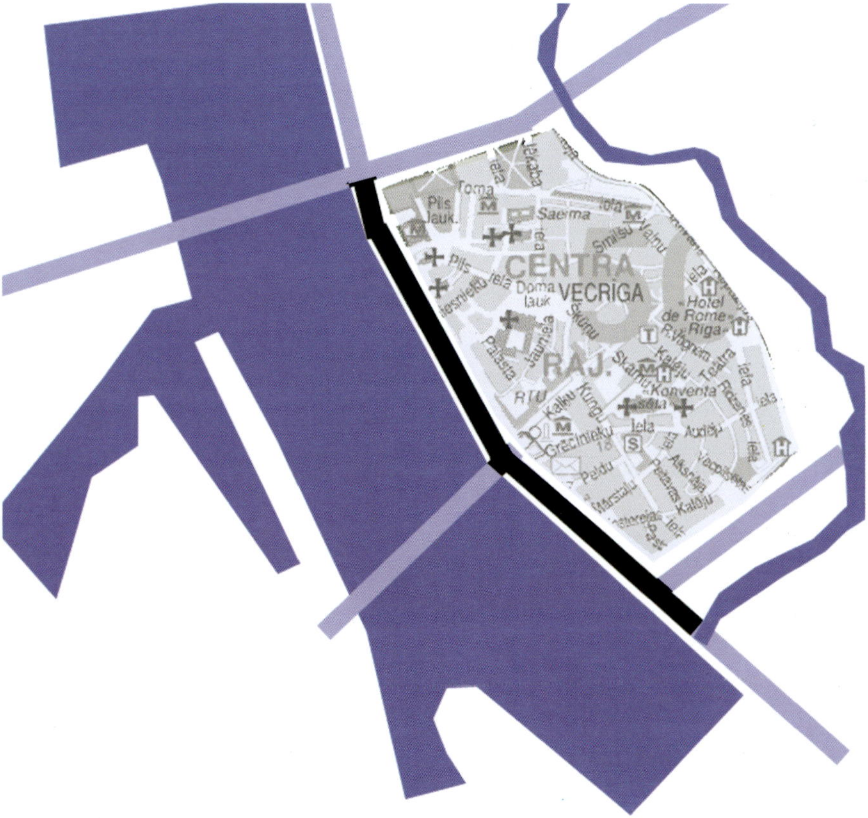

剖面分析

堤岸上的城市开放空间

Tomihiro Museum / Japan ,Gumma

05 星野富弘艺术馆

群马县，日本

艺术馆精心设计的光线可以为时间的流逝以及季节的变迁赋予意义，拥有玻璃砖墙的展室营造出介于诗歌与外部景色之间的统一感，建筑蜂巢形的结构使其在未来有根据需求扩建的空间。

星野富弘艺术馆是三个元素综合的结果：艺术馆、自然以及艺术作品。

星野富弘先生画作的透明性以及它们所表达的充满力量的景色是考虑的基本元素。光线可以为时间的流逝以及季节的变迁赋予意义。

艺术馆的展室是一些由不同大小单元组成的玻璃棱柱形蜂窝，这些玻璃砖块对Azuma村庄周边的自然景观（星野富弘作品中的重要主题）的光线进行了过滤，拥有玻璃砖墙的展室营造出介于诗歌与外部景色之间的统一感。

建筑下面的空闲空间对艺术馆来说是非常重要的一部分，它将艺术馆架空在花园之中，以使游客先接触周边景观，之后再进入全部被安排在同一层的展览路线。

观众经一段楼梯被引入艺术馆，轻松惬意。厅堂里有休息区和中庭，它们浮在花园上面，花园中有时令花卉点缀。

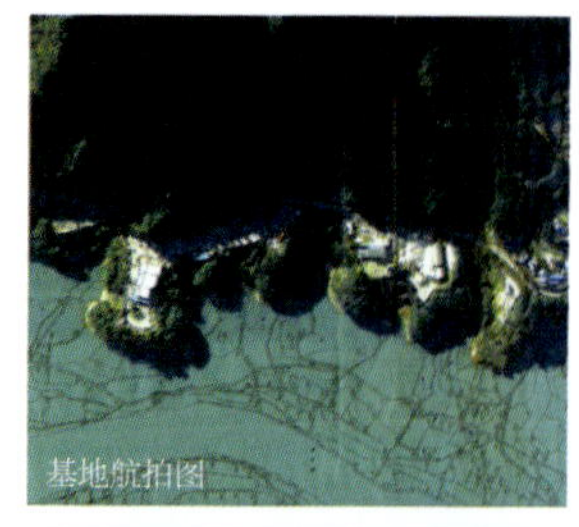

基地航拍图

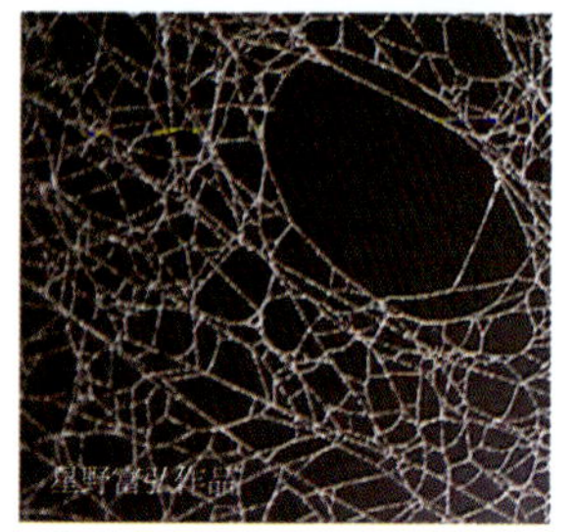

星野富弘作品

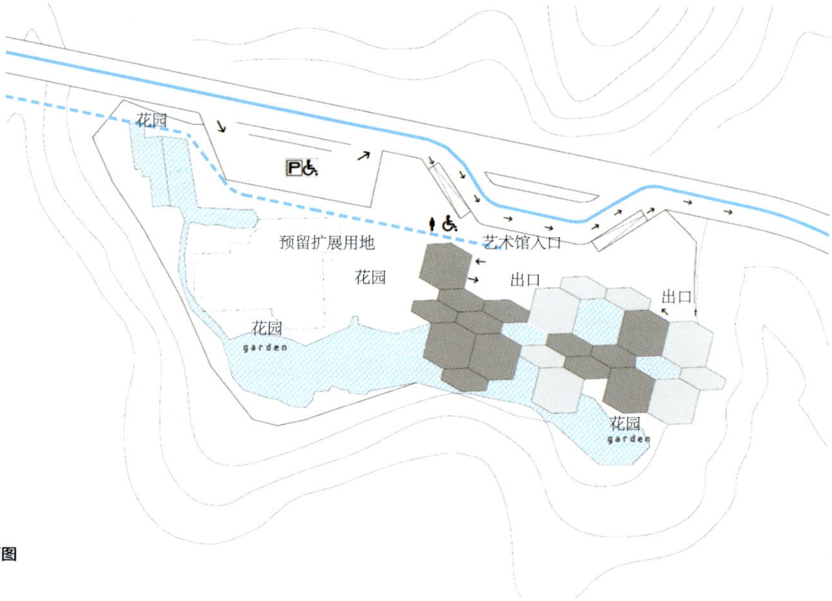

花园
预留扩展用地
艺术馆入口
花园
出口
出口
花园
garden
花园
garden

总平面图

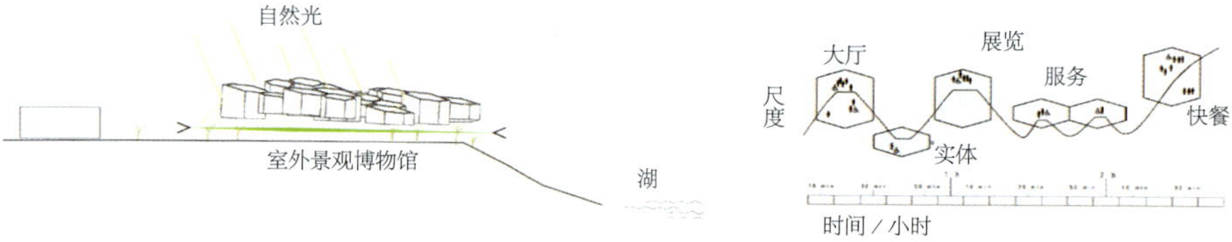

自然光
室外景观博物馆
湖

尺度
大厅
展览
服务
实体
快餐
时间／小时

建筑与景观关系分析

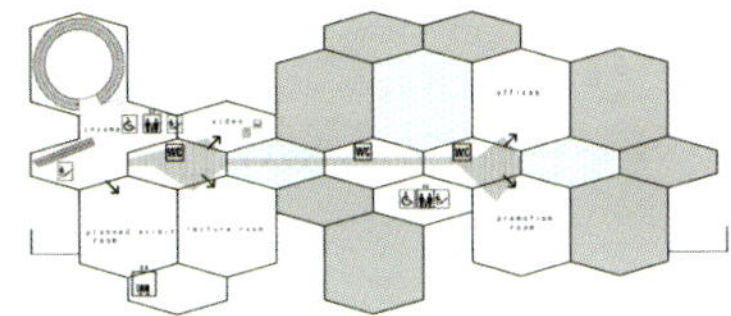

二层平面图

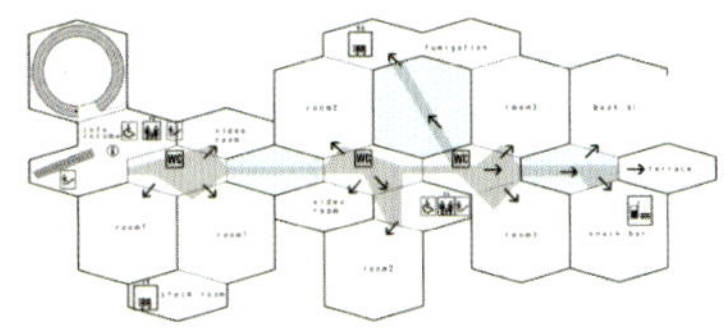

一层美术馆平面图

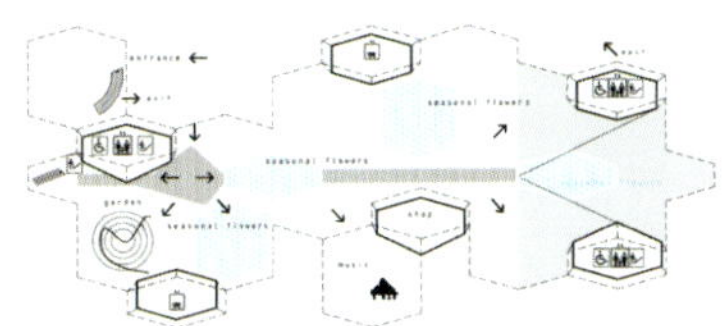

地面层花园平面图

展室分大小两种：较大的一种使得游客可以从容地凝视每件作品；较小的则包含有视频、照片、文本以及其他展览内容。入口区上方的二层用于特定功能，有一个作品研究室，一个会议室、办公室以及作品档案室、小图书馆。在艺术馆平台的尽端有一个服务区，包括酒吧、书店、儿童作品展示区以及促销摊位等。所有储藏和装置空间都放在地下层。

艺术馆建筑蜂巢形的结构使其在未来有根据需求扩建的空间，直到整个可用区域被占满为止。

100 Celle Lab/ Roma, Italian

06 100 CELLE研究所

罗马，意大利

这个博物馆一研究所建筑寻求与周边城市肌理的对话，它使周边的交通流显现出来，成为区域内活跃的文化和智力活动的催化元素。它被组织成一个意在为社区提供多重功能和服务的设施，反映出当代艺术的复杂性质，并激发人们关于这个时代的艺术的讨论。

Centocelle地区的当代艺术博物馆-研究所项目是这个罗马历史街区的文化复兴计划的一部分。该街区一方面保存了有些淡化的古罗马生活习惯，另一方面从创造性的角度看，它也变成了具有高度激发性和被激发性的地区。

意象图：游乐场航拍图

新博物馆-研究所的建筑结构被插入一个扩张的、稠密的城市肌理之中，由电车站和几条交叉的道路所限定的宽阔区域组成。新的博物馆-研究所建筑寻求与周边城市肌理的对话，它使周边的交通流显现出来，成为区域内活跃的文化和智力活动的催化元素。博物馆-研究所成为这个罗马外围的工人阶级聚居区的社会文化参照点，这里在以往被认为缺乏可以提高其个性特色的设施。新设施并不仅仅想成为这个创造性社区的，更主要的是要成为该区域内所有居民的参照点。建筑以其结构本身蜿蜒的形状，吸引人们走进内部庭院，公共空间是整个结构的创造性核心，展览路线即从这里开始。

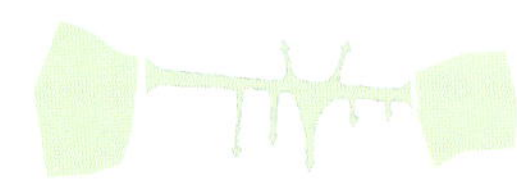
自然轴线联系两个公园

100 Celle新博物馆-研究所项目为广大公众服务，它将反映国内外当代艺术的复杂性质，并激发关于我们这个时代的艺术的讨论。研究所将包含达到博物馆品质标准的展厅和多种画室设施，并将用于创新艺术家们的各种媒介作品的制造、表现、阐释和传播，以此促进创新精神以及无限的艺术探索。建筑被组织成一个意在为社区提供多重功能和服务的设施。综合体的一大部分作为展览和教育空间，其讲堂兼剧院在博物馆非开放时间可以被周边街区使用。该组织还有住宅计划为艺术家们提供食宿。一系列的公共功能，比如咖啡厅、书店和艺术画廊，将广场周围的公共空间组织起来并提升其品位。建筑的形态强调了创造一个公共与私密空间之间的过渡系统的决心，这个系统将在罗马周边的城市肌理中注入一个作用与反作用的区域。

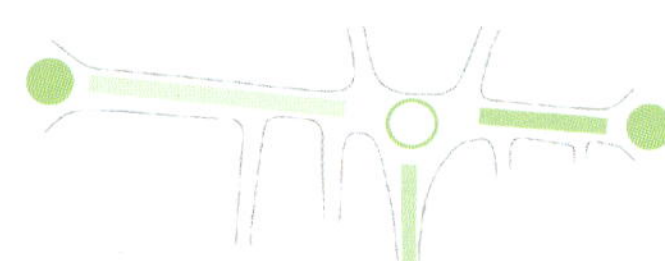
两个节点之间不同的绿化配置

总体来说，100 Celle博物馆—研究所希望成为罗马及意大利的重要文化资源，为艺术家提供一个迷人的环境；它希望示知、激发并挑战观众，积极地吸引新的观众；它还希望成为提升艺术在当代文化中的地位的可利用资源。

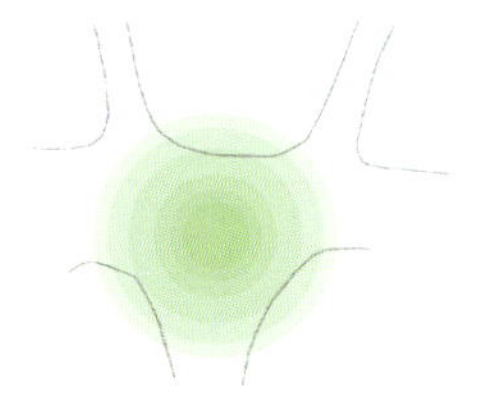
100 Celle研究所成为系统的新中心

1 商业带
2 博物馆 / 研究所
3 新轨道交通
4 天竺葵广场改造
5 公园与绿地设施
6 步行道
7 停车场通道
8 行人、汽车通道
via degli olmi
via dei gerani
via dei frassini
via degli abeti
via dei noci
via dei lauri
via dei faggi
via dei castani

博物馆／工作室
商业区
新轨道交通线
绿地
花园广场
公园

功能分配方案

展览空间
餐厅
入口／前厅
书店
实验室
阅读室
礼堂
艺术家工作室
教室
露台
办公室

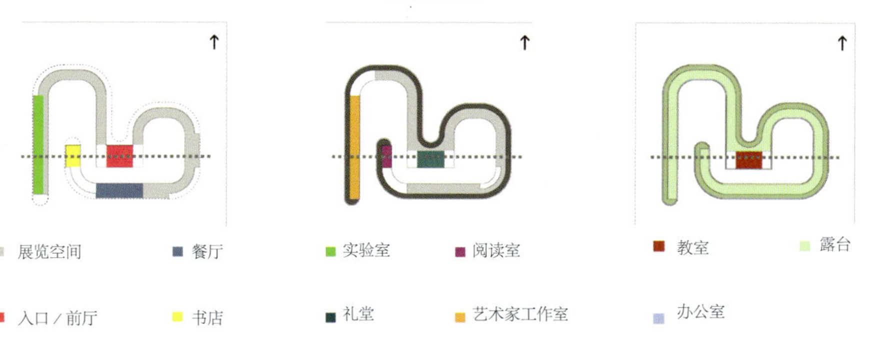

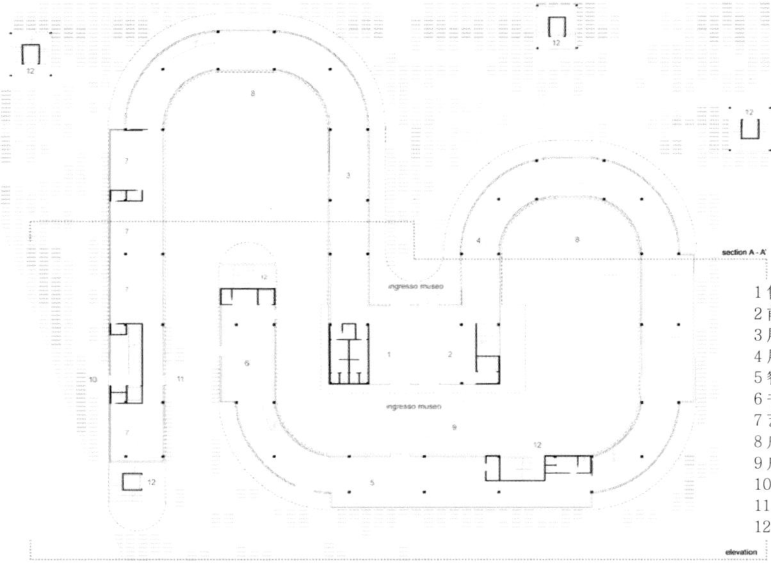

1 售票处
2 前厅
3 展览空间1
4 展览空间2
5 餐厅
6 书店
7 艺术研究室
8 户外展览空间
9 户外餐桌
10 艺术工作区入口
11 紧急出口
12 停车场出口楼梯

一层平面图

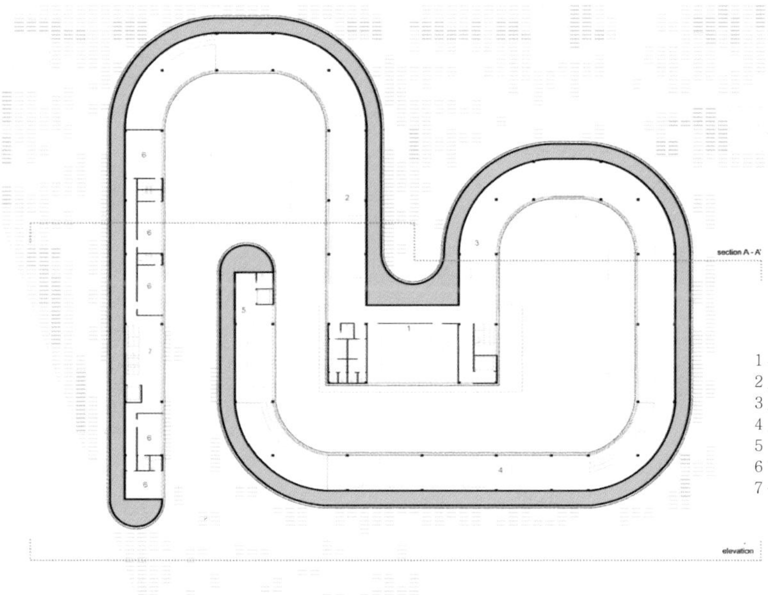

1 礼堂
2 展览空间1
3 展览空间2
4 展览空间3
5 阅读室
6 艺术工作室
7 公共空间

二层平面图

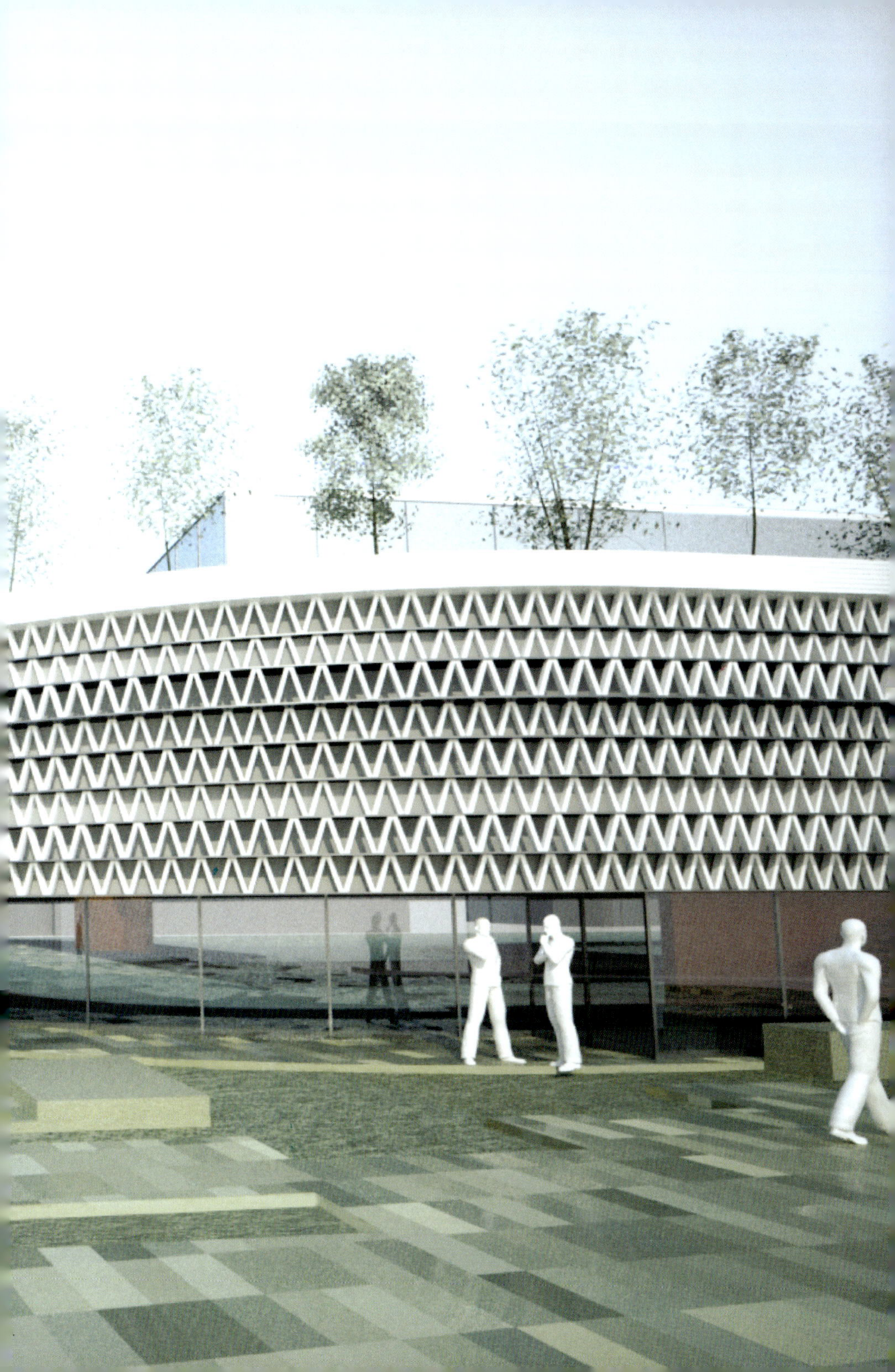

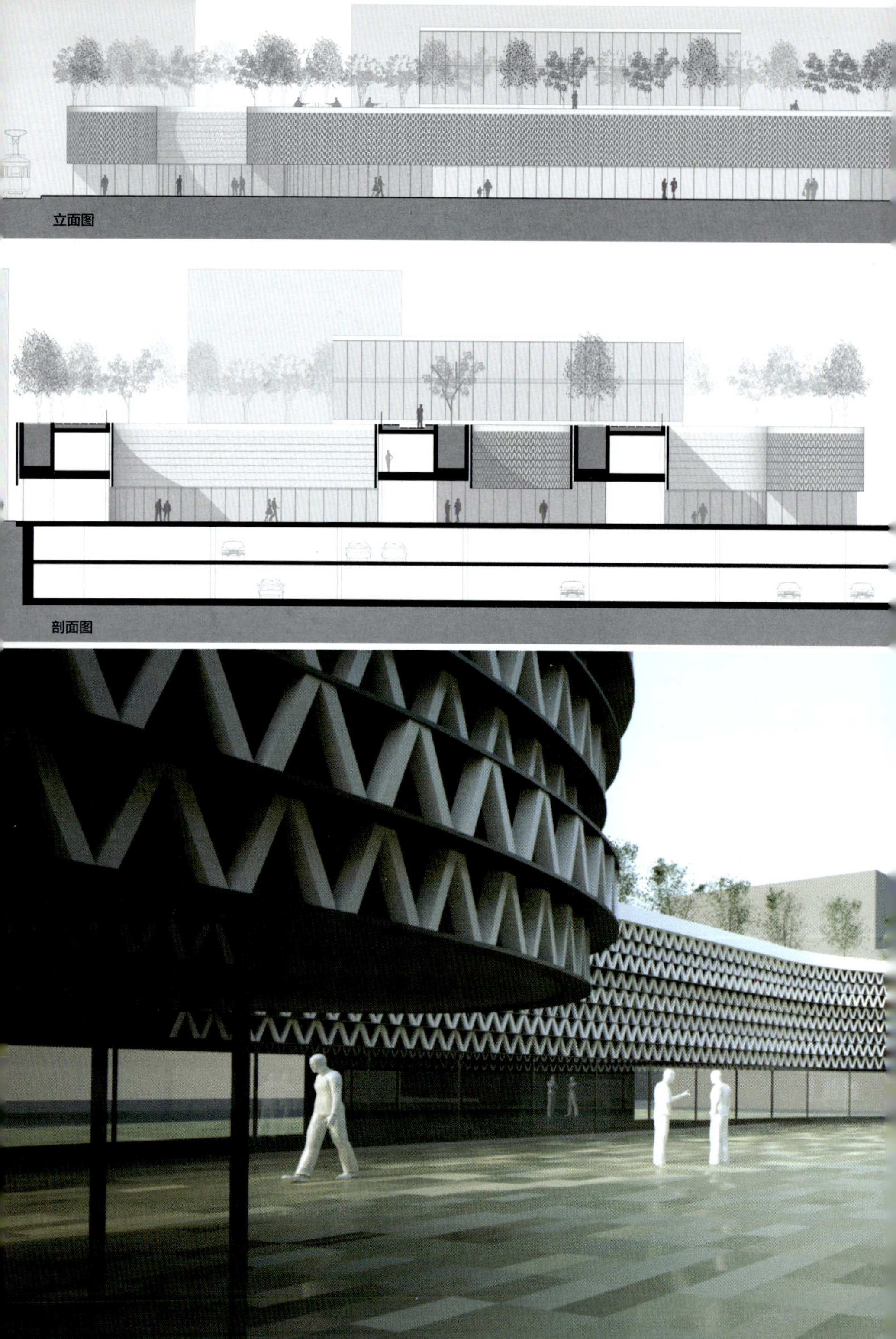
立面图
剖面图

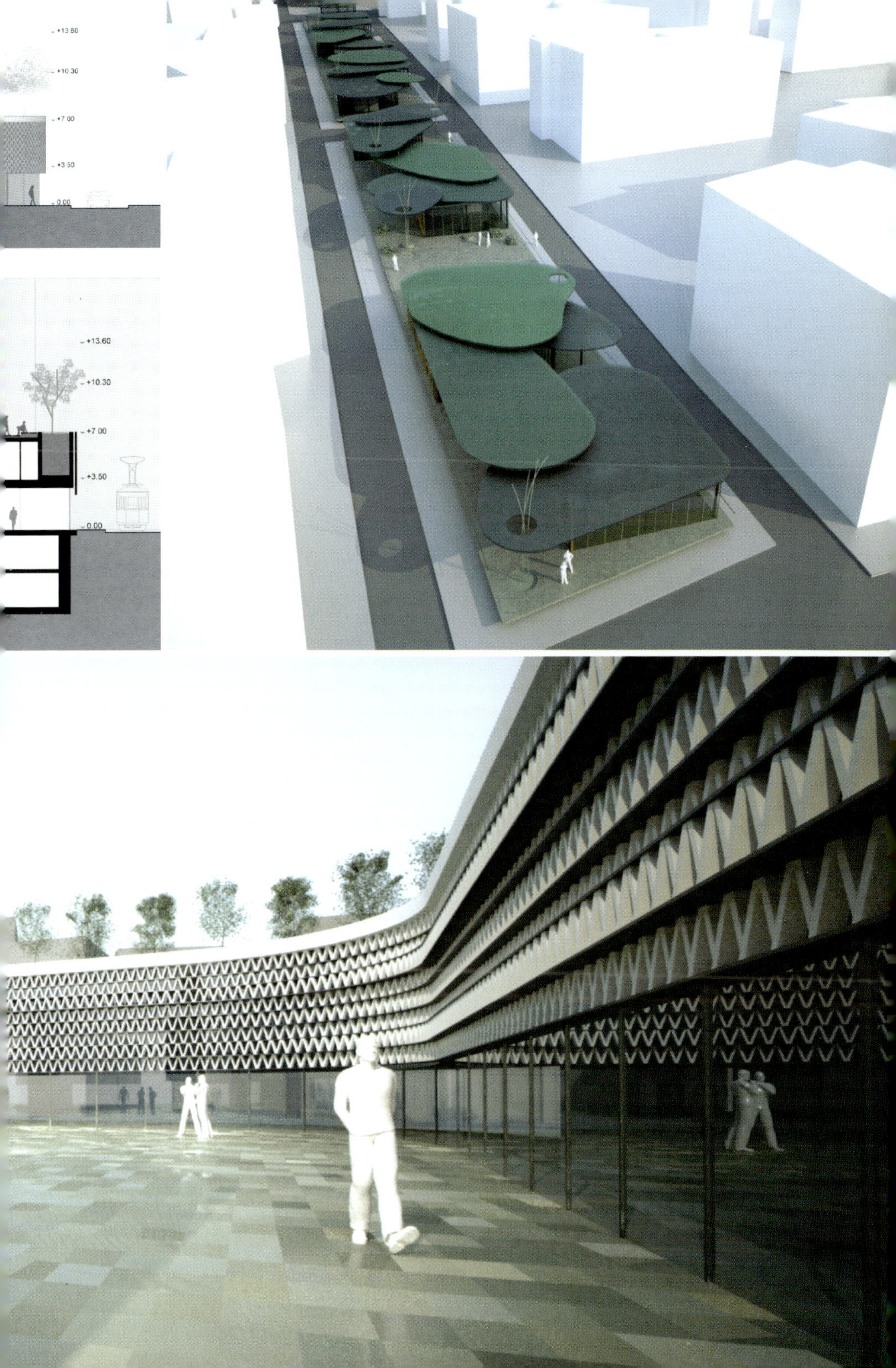
+13.60
+10.30
+7.00
+3.50
0.00
+13.60
+10.30
+7.00
+3.50
0.00

1 商业区屋顶系统
2 停车区通道
3 停车区通风网
4 入口坡道
5 升起平台
6 人行广场
7 新轨道交通站

1 商业区
2 入口坡道
3 停车场入口
4 停车场——行人入口
5 公共空间
6 休息座椅
7 人工树

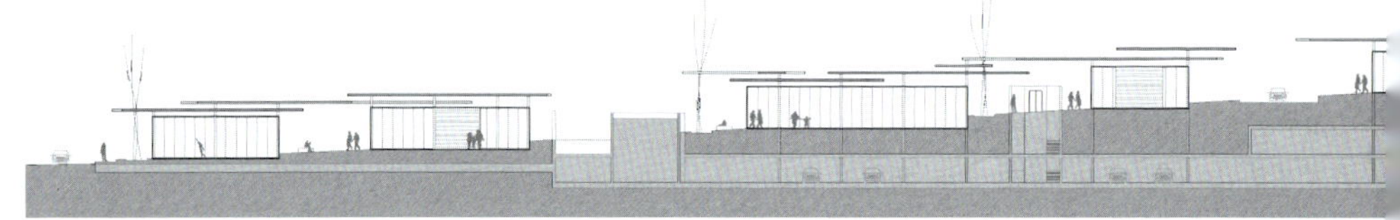

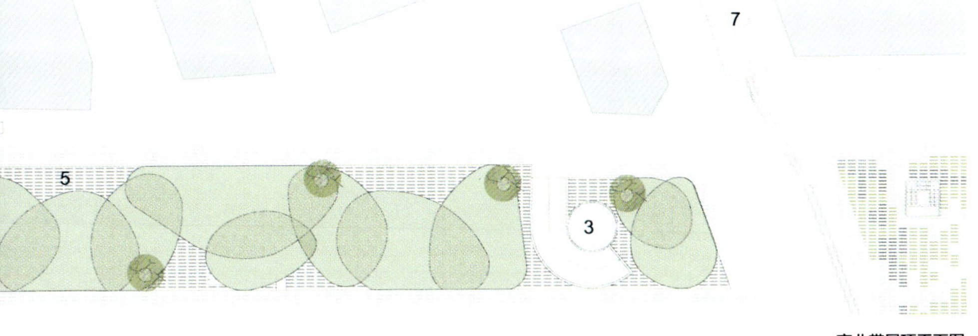

商业带屋顶平面图

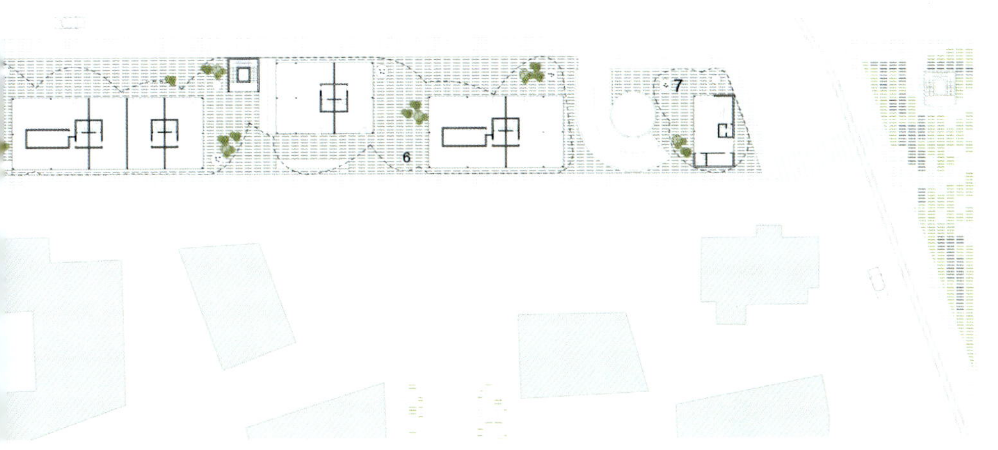

商业带首层平面图

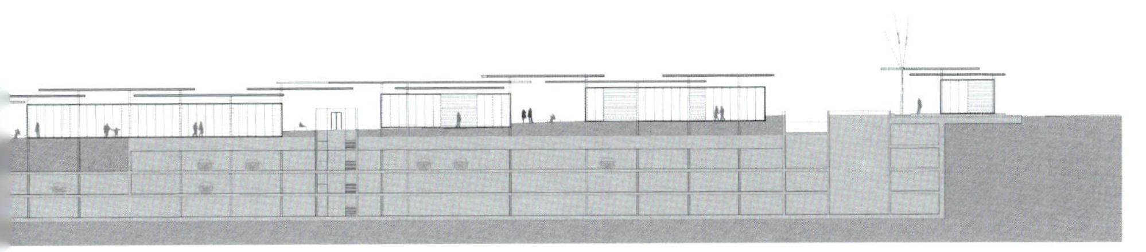
商业带剖面图

Indre Sogn Arts Center / Laerdal,Norway

07 INDER SOGN艺术中心

挪度，挪威

新建筑通过整合并提高原有的景观，得以限定并构建一个新的景观。它由两面相对的作为“Inder Sogn艺术中心”屋顶的木质斜坡表皮系统界定：一面朝向城市的自然景观，另一面则朝向内庭人造景观。

方案将“Laerdal文化中心”原有的围合空地保护起来，并把它转变为一个缓冲带、一个共用区域，以容纳由“Laerdal文化中心”与“Inder Sogn艺术中心”组成的新博物馆系统的公共功能——咖啡厅、展览及临时演出等。

公共空间的设计是项目方案的特色，尤其是当（比如在这个项目中）建筑与充满自然潜力的肌理碎片对话的时候。

新建筑通过整合并提高原有的景观，得以限定并构建一个新的景观。它由两面相对的作为“Inder Sogn艺术中心”屋顶的木质斜坡表皮系统界定：一面朝向城市的自然景观，另一面则朝向“laerdal文化中心”的内庭人造景观。

人们可以到达两个斜面的顶端，并在那里体验、观察周边的景色。一个是倾斜的阶梯广场，在这里可以闲逛、思考自然、组织演出和临时展览，它还可以作为一个圆形剧场供人们观看演出和音乐会；另一个斜坡平面也覆有木材质，不过绿色元素占据着主导地位。

两片屋顶都点缀有天窗和灯具，前者保证了内部博物馆空间的适量光照，后者照亮了屋顶——它们现在已成为公共空间，成为不断变化的景观新标志。

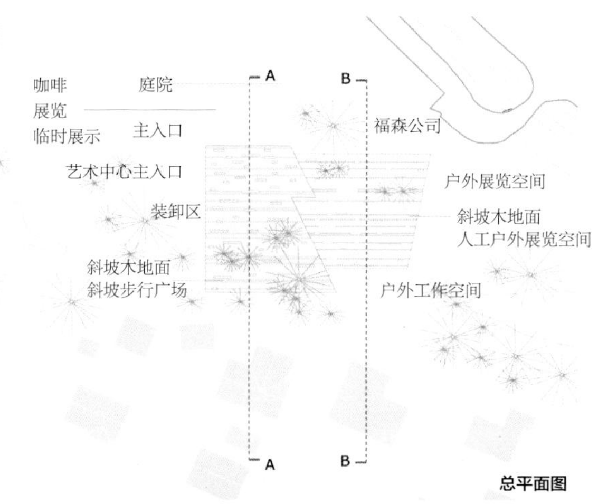

总平面图

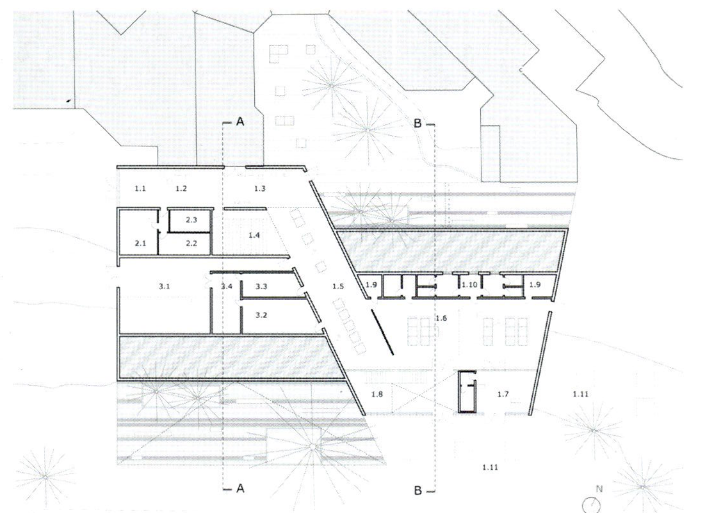

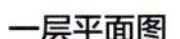
一层平面图

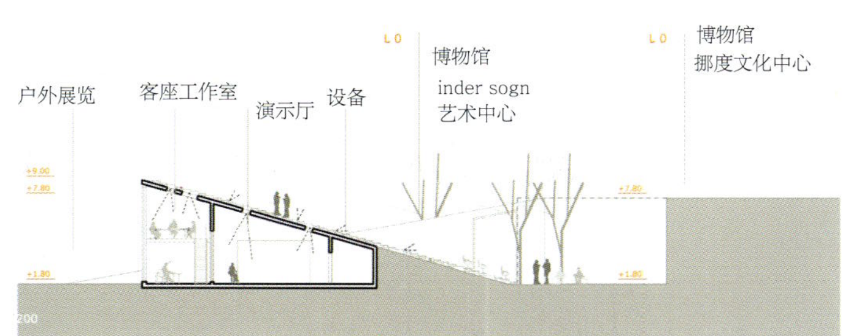

B-B剖面图

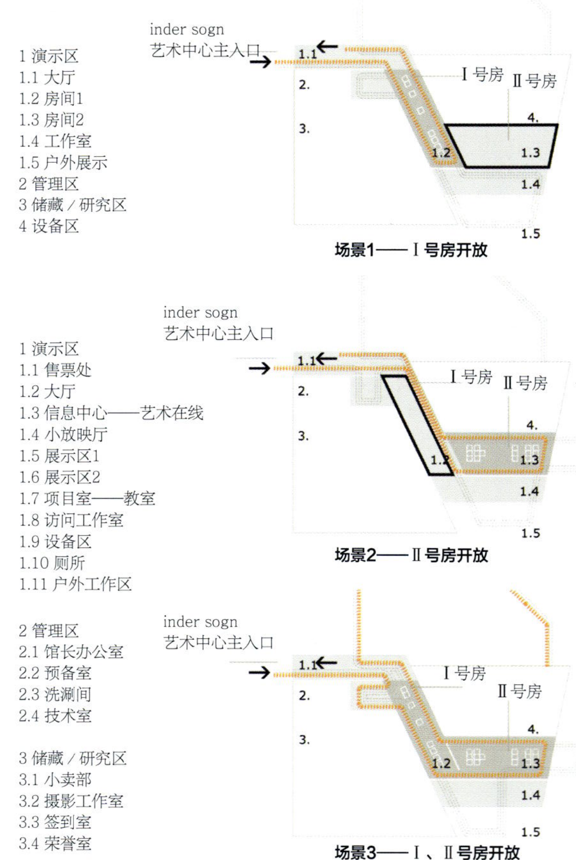

展示空间组织分析

inder sogn
艺术中心
挪度文化中心
1.
2.
inder sogn
艺术中心
挪度文化中心
1.
2.
挪度文化中心主入口
inder sogn
艺术中心主入口
1.
2.
3.
4.
5.
5.
2.
挪度文化中心主入口
inder sogn
艺术中心主入口
3.
2.
4.
5.
1.
6.

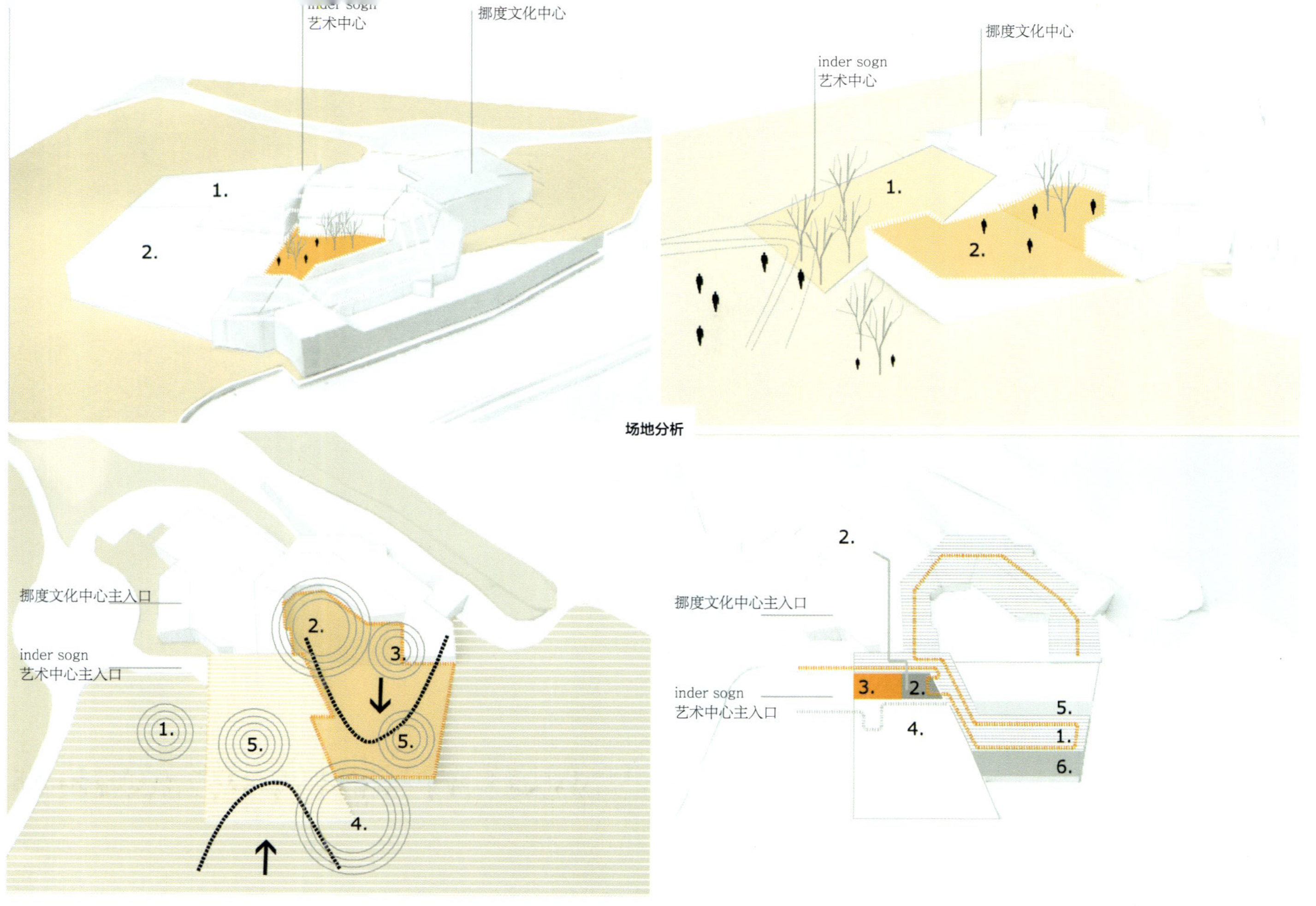

场地分析

New Headquarter Angelini / Roma,Italia

08 安格利尼集团新总部

罗马，意大利

IaN+将注意力集中在“中间空间”的关系上，从与城市直接相连的空间，到综合体的公共空间，再到更私密的区域，全都互相联系。建筑表现为一个紧凑的体量，但是通过使用不同模数与材质，形成多变的立面系统，使其成为罗马城此区域内的一个真正地标。

安格利尼集团新总部的目标是重新阐释和表达其功能，以便塑造一个新形象。这个综合体包含了从同一基础上升起的两个截然不同的体量，在边界限定的利害相关区域对新总部和原有建筑的功能分别进行了反思。当代城市，尤其是罗马，要求空间之间不仅有实质性的联系，还有概念性的关系。这样的空间必须削弱公共与私密空间之间的反差。项目相关区域的特征主要是5～6层住宅楼组成的同质结构。该项目以Via Nocera Umbra上的一个新广场作为缺口，打断了这种同质性及街道界面的连续性，并将安格利尼总部建筑置于场地的中心。这个平面布置使得在两条主要街道上都有较好的视角，且将功能集中于总部。闲置的空间并不是一种空白，而成为一种建构元素。这样一来，该区域成为整个项目的焦点，连接着公共与私密的空间，提供了一个向Via Nocera Umbra开敞的中央绿色区。这座建筑成为一棵树的树根，其树枝连接了不同功能：指引公共与私密空间，统一该项目与原有项目的不同标高，并形成一个全新的地段。

这个新地段的中央，是一个向外突出的绿色空间，容纳有办公室和绿化植物的新总部大楼即以12层梯形棱柱的形式从其中浮现出来。总部塔楼成为整个地区的参照点，不过并不与周围具有较少建构价值的高楼肌理形成对立。在周边环境中，总部大楼呈现出科技表现力，并具有节能方面的价值。

安格利尼大楼现状

总平面图

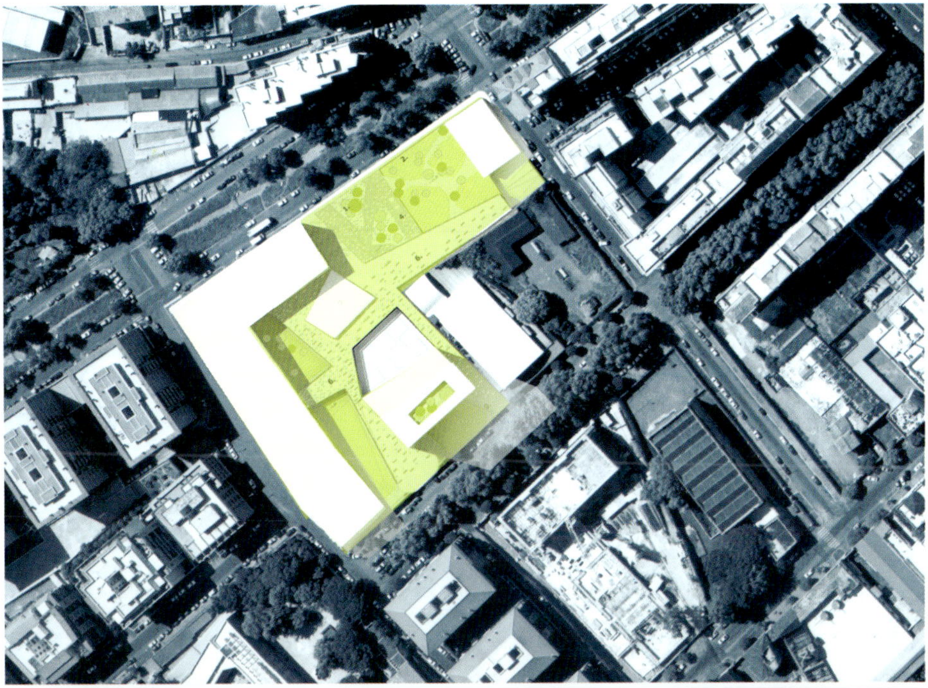

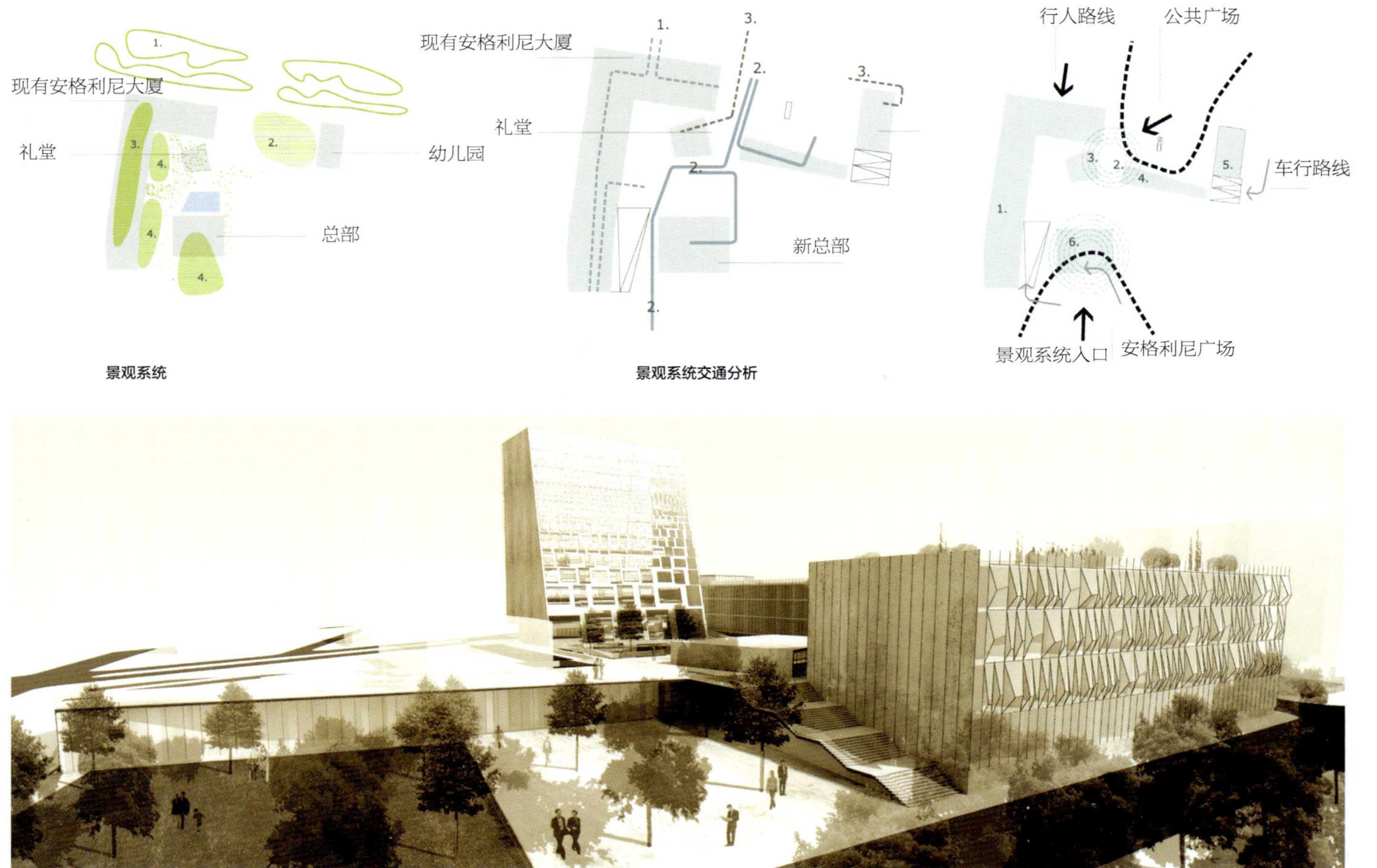

景观系统

景观系统交通分析

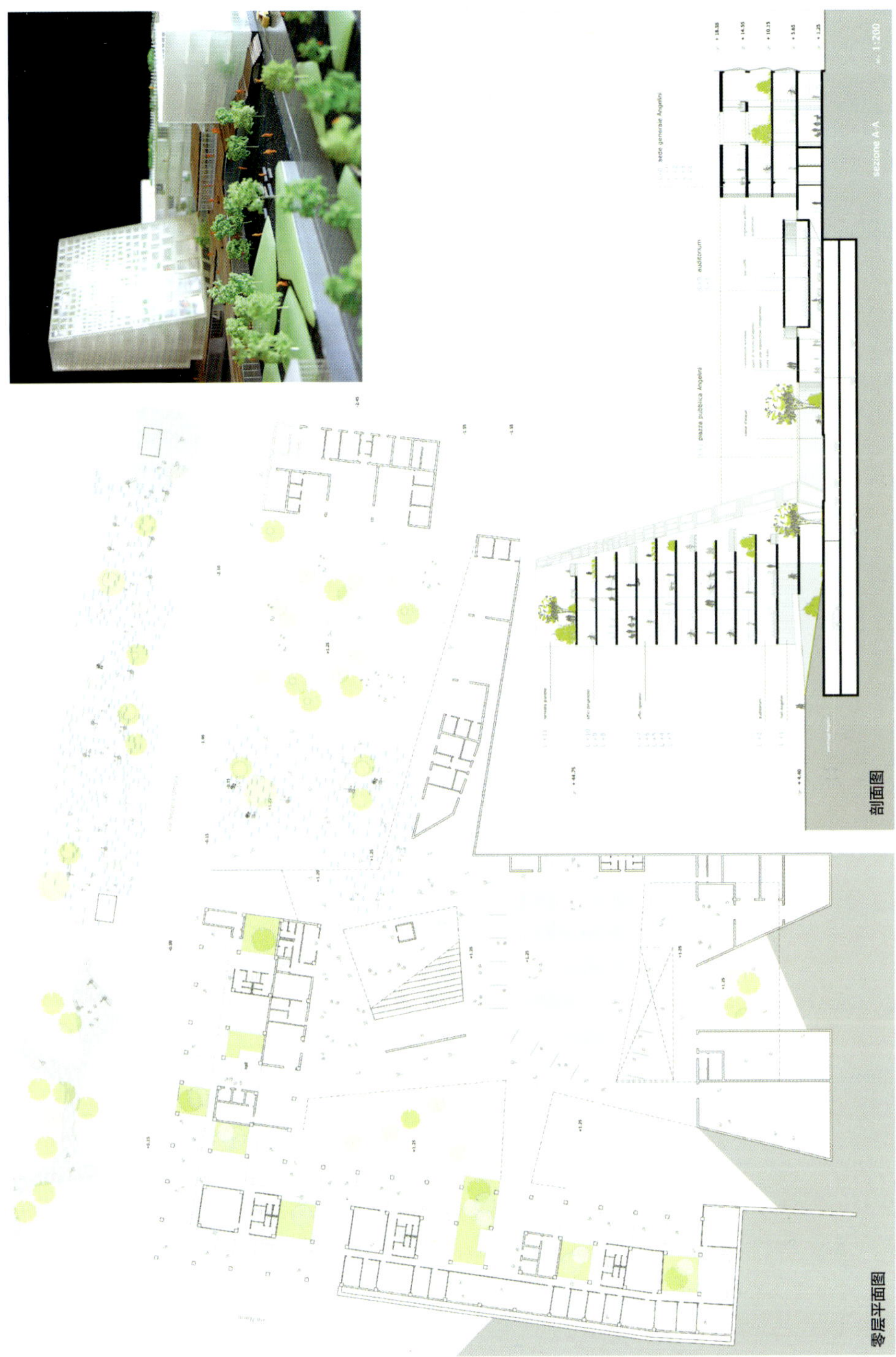

剖面图
零层平面图
sezione A-A
1:200
piazza pubblica Angelini
auditorium
sede generale Angelini

二层工作环境

新总部

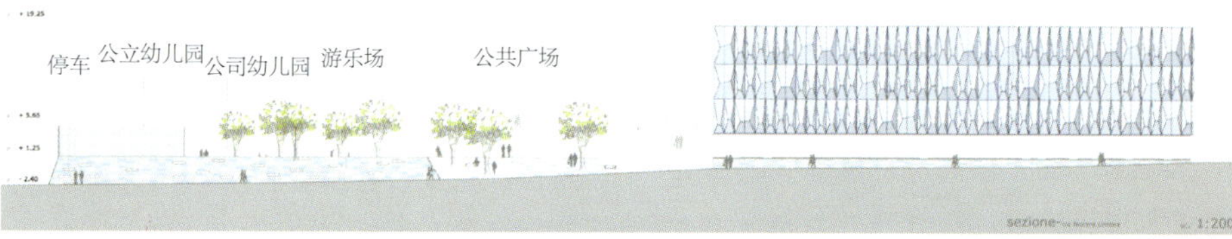

前立面图

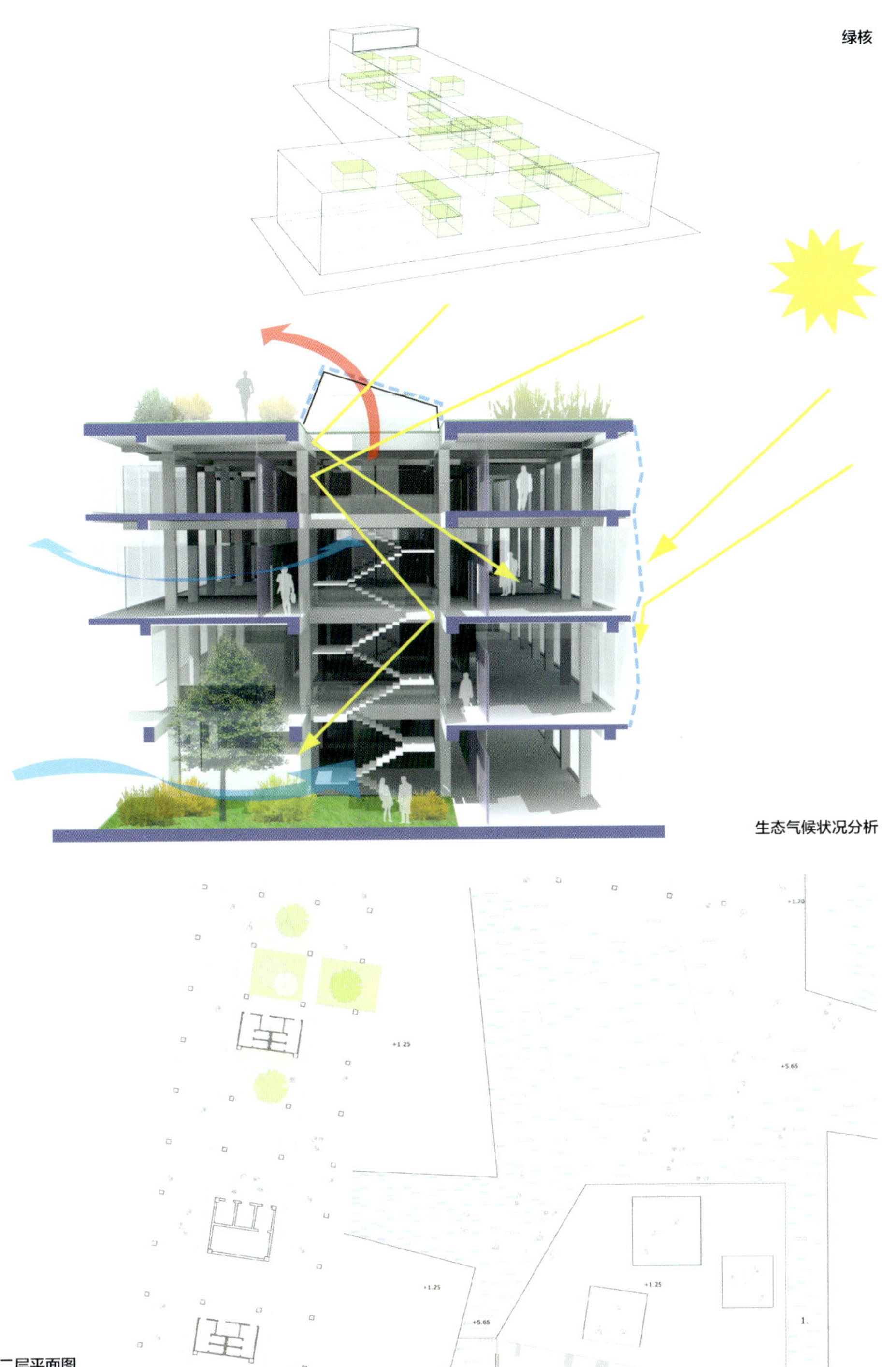

绿核

生态气候状况分析

二层平面图

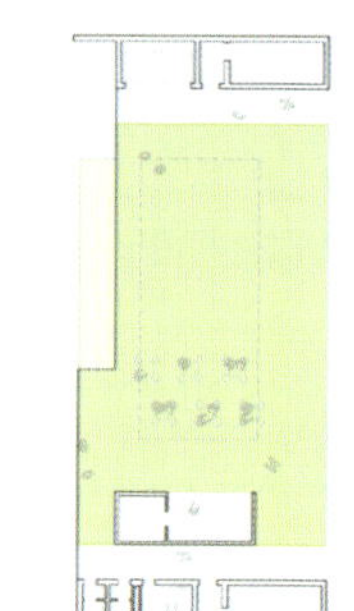

顶层晒台平面图

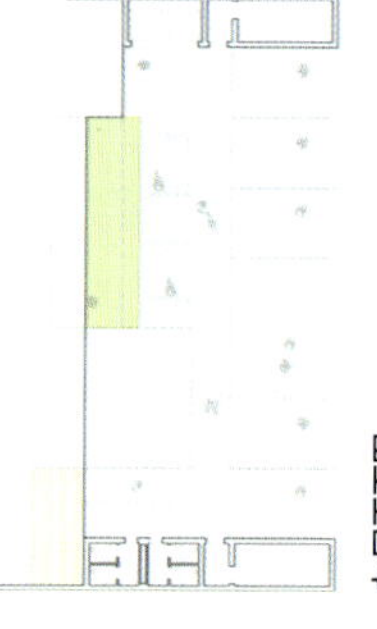

九层平面图

五层平面图

二层平面图

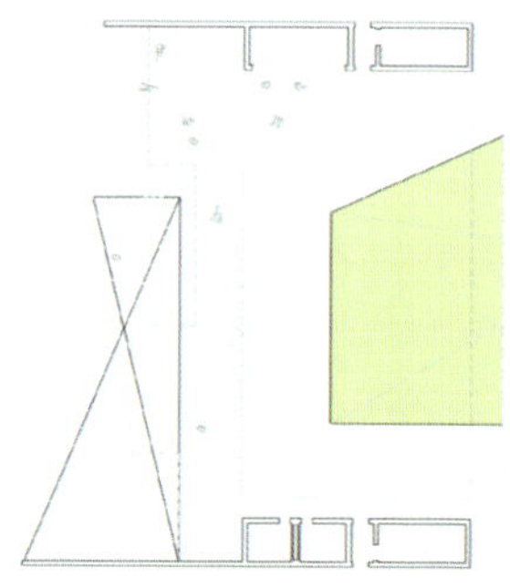

一层平面图

垂直绿化

总部大厦内的绿核

互动空间

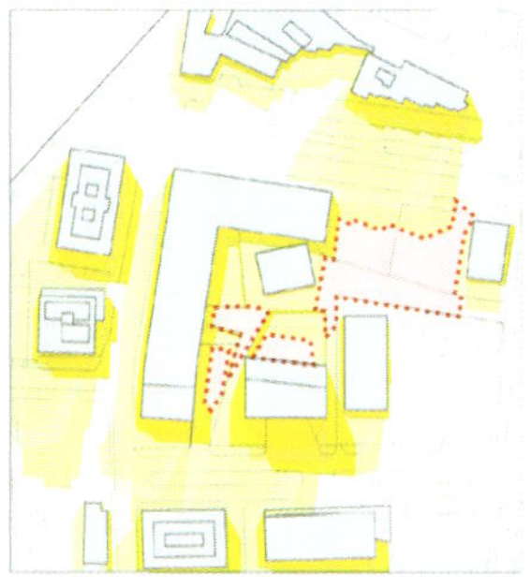

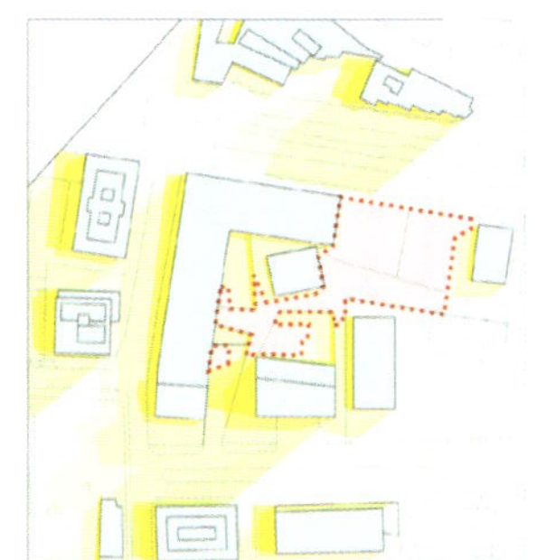

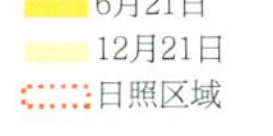

日照分析

12月21日

6月21日

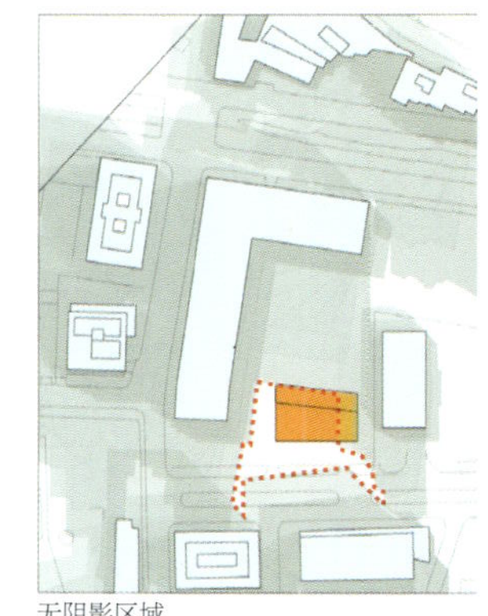
无阴影区域

阴影分析

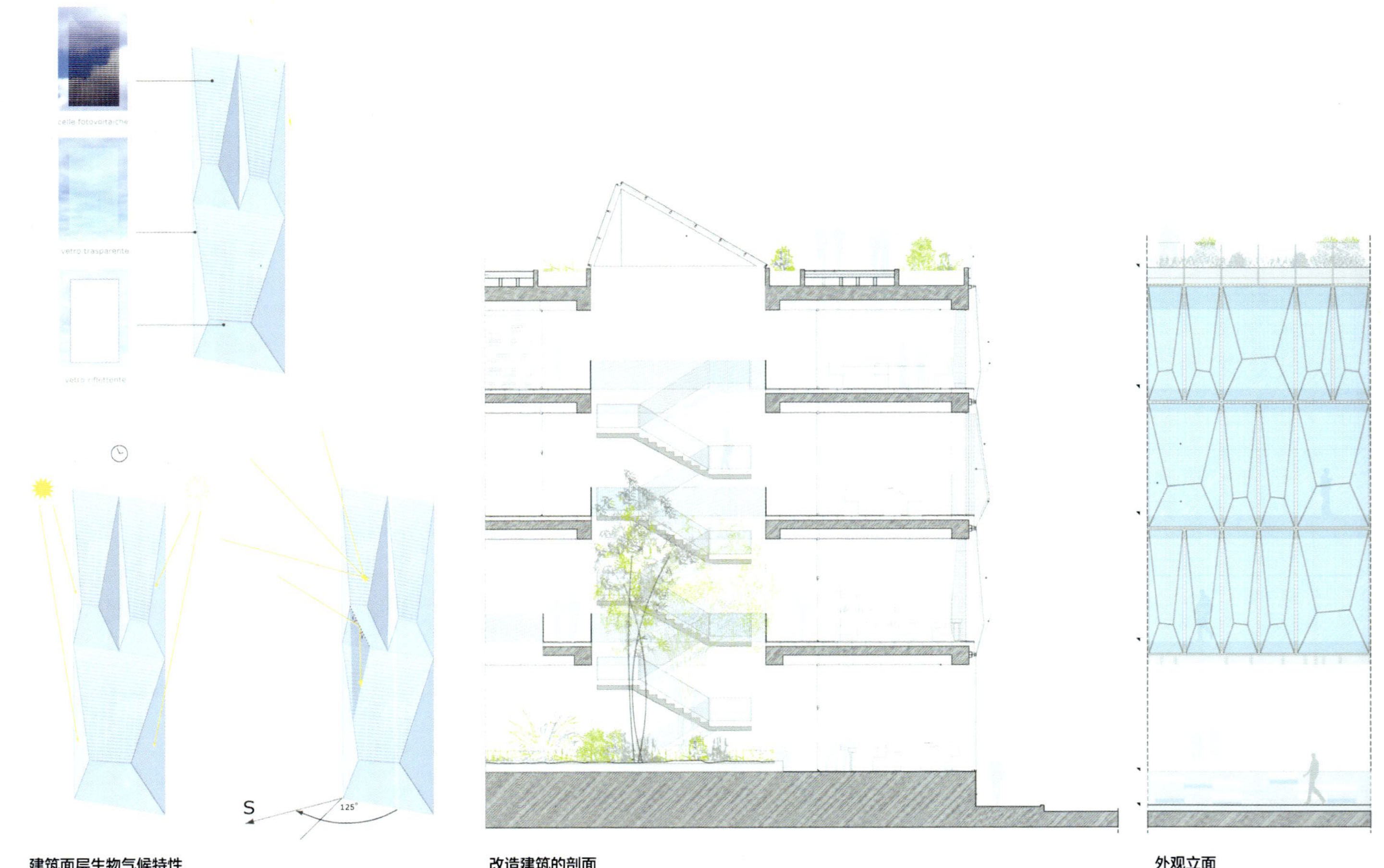

建筑面层生物气候特性

改造建筑的剖面

外观立面

New Dada Headoffice / Florence,Italian

09 新DADA总部

佛罗伦萨，意大利

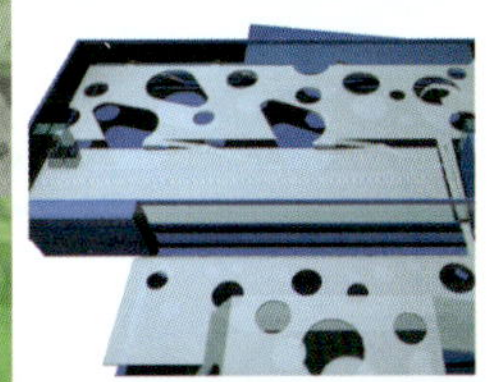

IaN+深入地研究了公司创新的工作方式以及人际关系的组织，整个组织不仅在平面上，还在剖面上进行了调查。建筑师改造了原有建筑一层的部分糟糕的结构，成功地解决了原有的无定形体块，将其转变为一幢有价值的建筑。

这次竞赛邀请提供了一个反思办公空间类型的机会。在一个网络环境中，比如说在一个新商务公司的环境之中，私密性空间要让位于社交性空间。项目组在一起工作，不断地交换信息、知识与经验，这些都需要开放的空间以支持直接的交流。在这个便捷的时代，与其他同事之间的直接交流是最佳选择，头脑风暴和思想交流是创新性建筑理念的焦点。为了鼓励员工们创造性的行为，需要减少预先确定的刚性空间。方案的目标不是让人们习惯新的办公空间类型，而是以一种创新的方式来反思传统的系统。在现今的办公空间中，空间灵活性的概念已经过时，取而代之的是可变形性的概念。一个灵活的空间似乎等同于自由，而实际上，它强制每个空间的改变都遵循同样的古老模式自我重复，却不允许办公活动按照便捷时代的要求进行自身演变。办公空间的问题应该是可互换且可逆的。关键概念不是灵活性，而是在办公活动中持续地操控不同平衡状态。

DADA办公室的主要空间是一个重新被构想出的开放空间，这里各个分离办公区域的二维元素被三维元素所取代。它们的外观成为毗邻区域的特征，同时对这些区域进行分隔与合并。它们具有不同的尺度，容纳了休闲活动、会议、私密办公以及信息互换等。它们不会被限制于建筑的特定区域，以特定的活动丰富开放空间。它们通过双层高的空间与两个主要的办公区域楼层相连。建筑的拓展重新塑造了人造景观，形成供室外活动开展的平台系统。

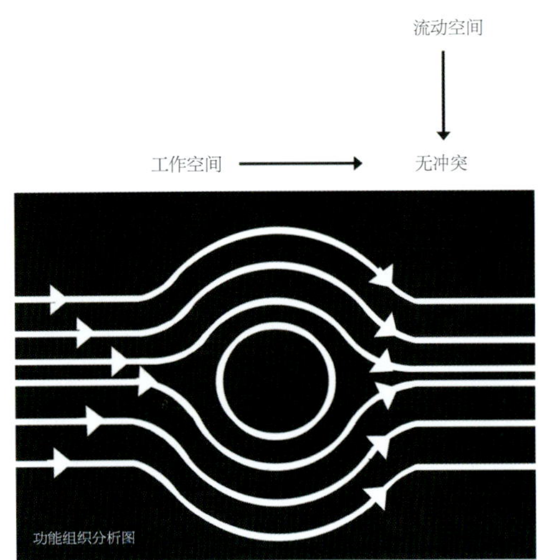

功能组织分析图

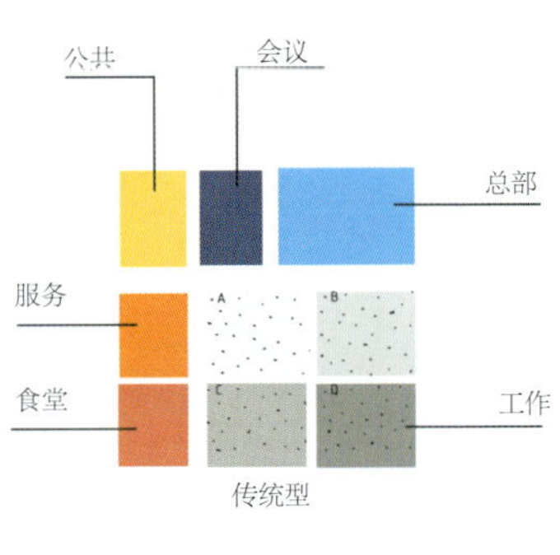

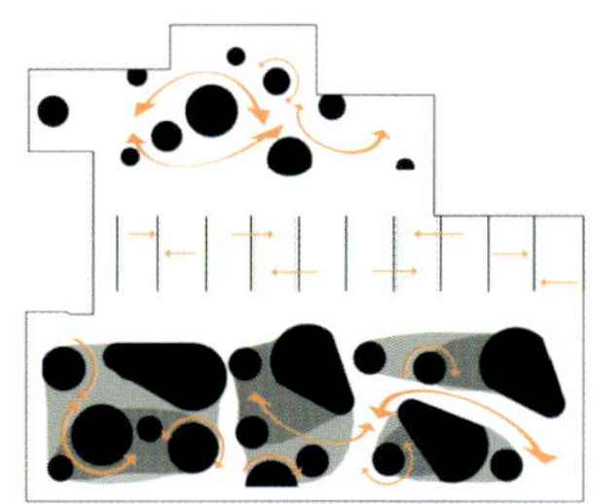

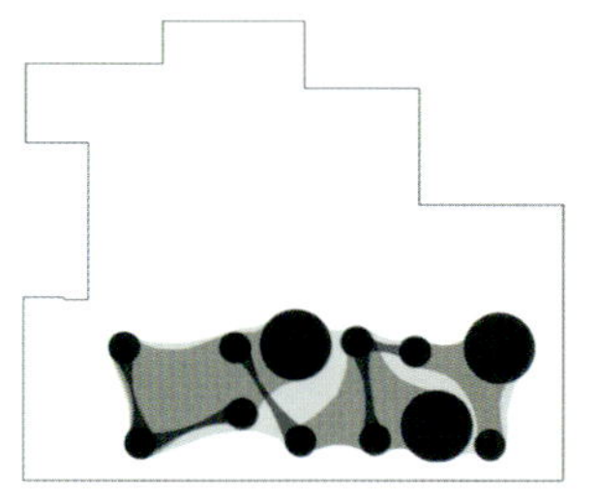

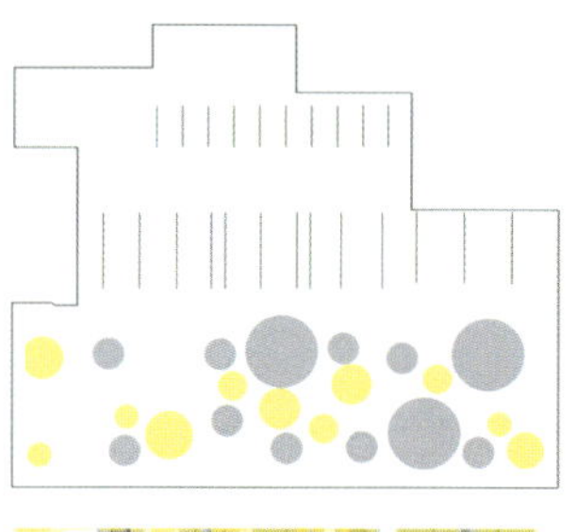

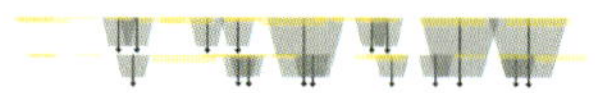

功能性网络
参照工作站的功用赋予空间以特殊的意义

功能性突破
通过系统预览能够处理功能性程序的增加和减少

利用闲置空间
人流深受活动内容影响

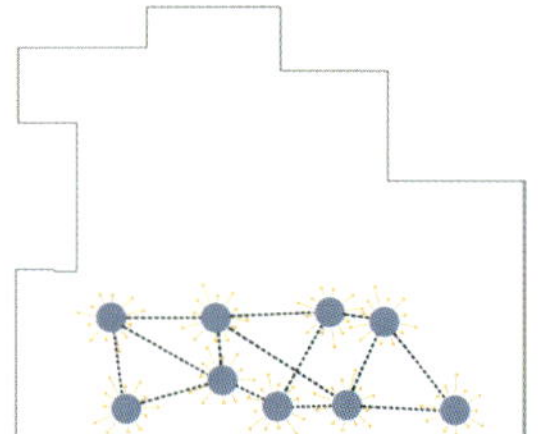

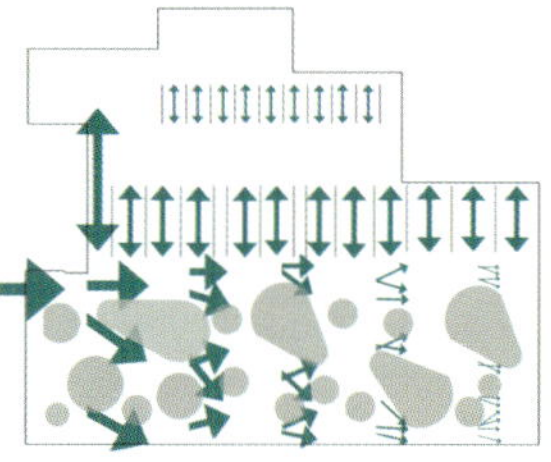

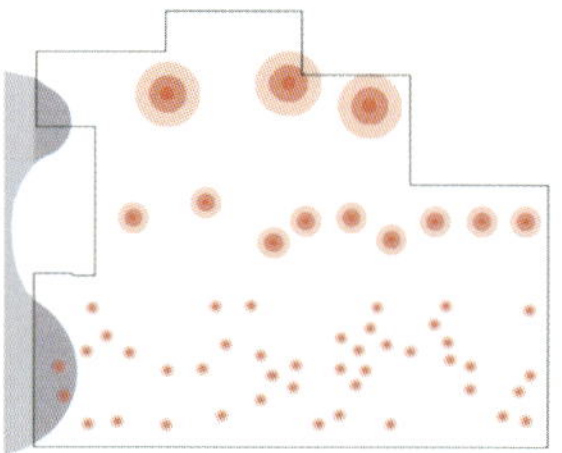

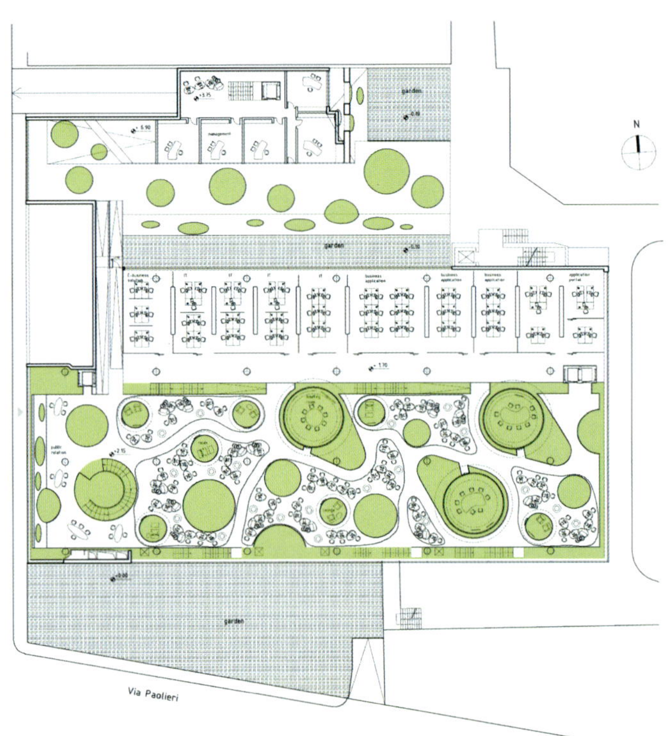

二层平面图

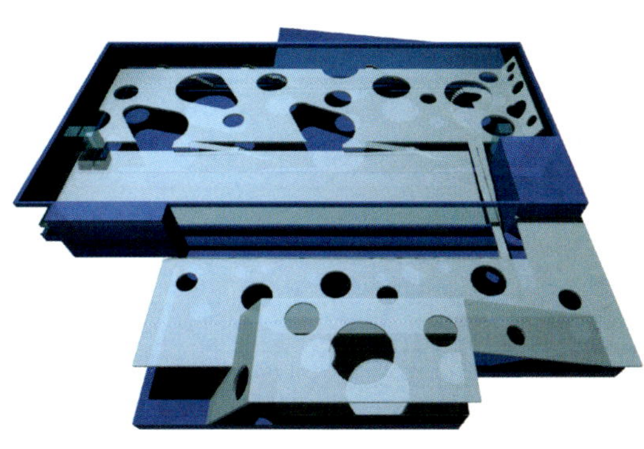

方案模型

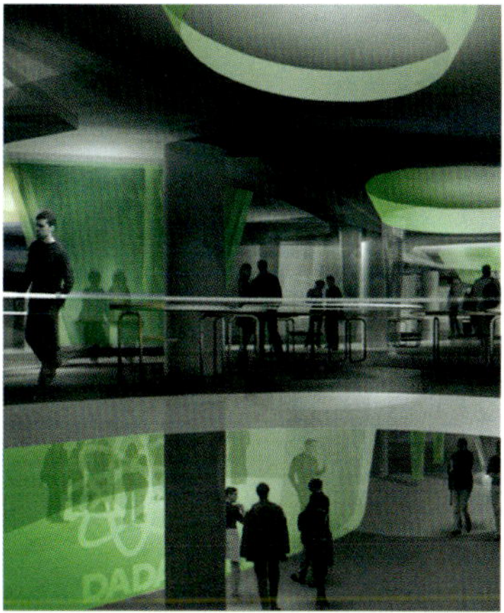

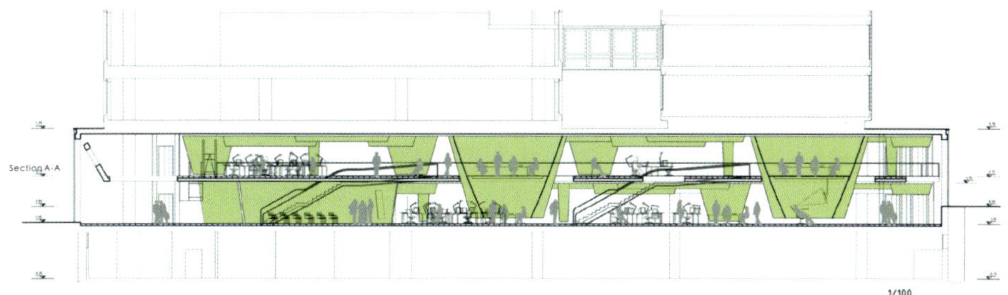

DADA

Section A-A
1/100

A–A剖面图

centre
meeting room
会议室
void
透空
structure
结构
void
work mestic station
Mestic
工作站
video meeting
影视会议
lounge area
休息室
void
section 1/50
bookcase
图书室
休闲冥想空间
relax
thinking area
team work area
团队工作空间
workstation
工作站

中心区剖面图

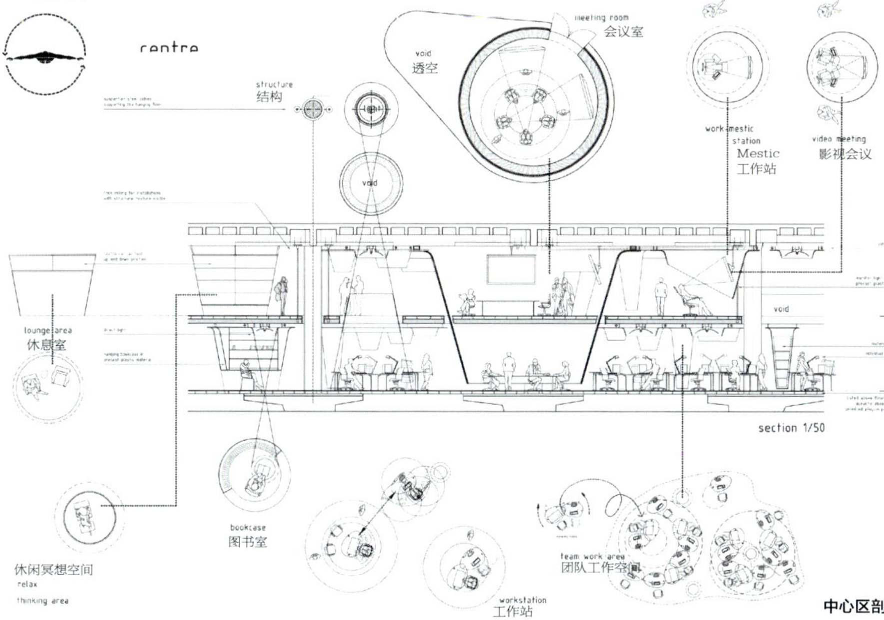

European Central Bank / Frankfurt,German

10 欧洲中央银行

法兰克福，德国

新欧洲中央银行地段的建筑群与城市之间通过两个主要广场建立起联系，主要建筑位于河岸，是两个由中央上下贯通空间分开的细薄形体的组合，它在视觉上与城市动态地相连。

新欧洲中央银行设计方案反映了IaN+在设计策略中永远重视公共空间的意愿。新欧洲中央银行地段的建筑群与城市之间通过两个主要广场建立起联系：一个广场被围合在地段内，由水覆盖，行人与机动车交通被引导到此纪念性地段内的标志性水广场下方，主要建筑沿河岸建造，以确保从城市望向Grossmarkthall的视线；另一个外环广场将沿着Sonnemannstrasse展开。

Grossmarkthalle被安排成三个平行条带，容纳公共和半公共的活动。其中一条将原有建筑与新建筑联结在一起，新的办公室布置在中庭周围。主要建筑位于河岸，是两个由中央上下贯通空间分开的细薄形体的组合，它在视觉上与城市动态地相连。达到这个目标的同时并没有毁坏城市与Grossmarkthalle间的历史性关系。遵循这个构想，实体与虚空是同等重要的。建筑上开的孔洞（空白）意在成为城市与主要建筑中的办公空间之间进行视觉交流的场所。

每座建筑的安排设计都充分利用了自然现象。主要建筑与季候风向平行，提供了朝向河流与城市的不同视角。

Grossmarkthalle与其周边环境间的关系因主要结构中呈现的空洞而得以留存。新老建筑之间由一个三层的活力平台进行实质连接，主要综合体坐落在河边地段的南边缘处。

方案中有两种主要的办公地点类型：盒式与开敞式，各自围绕一个特定的景观布置。办公地点与环境间的关系不断地经历整合与倒置。水平的平台围绕着室外庭院，而主要建筑内部的空间则围绕着一个竖直贯通系统。

两个系统拥有同样的目标：将光线与自然环境深入带到内部空间之中。

每个办公地点都通过半私密的绿色区域与景观整合在一起。另外，高层建筑与城市及周边的河岸之间有强烈的视觉连接。

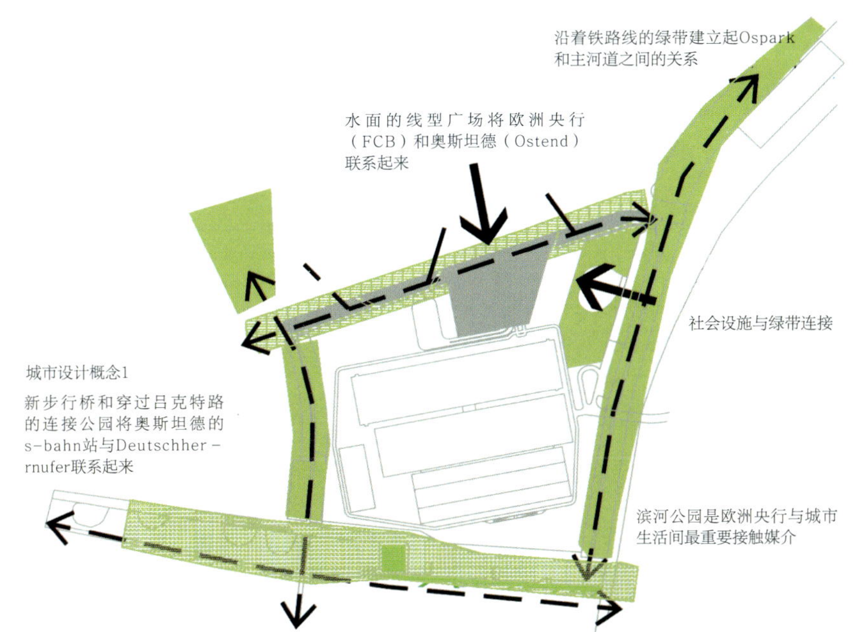

总平面交通分析

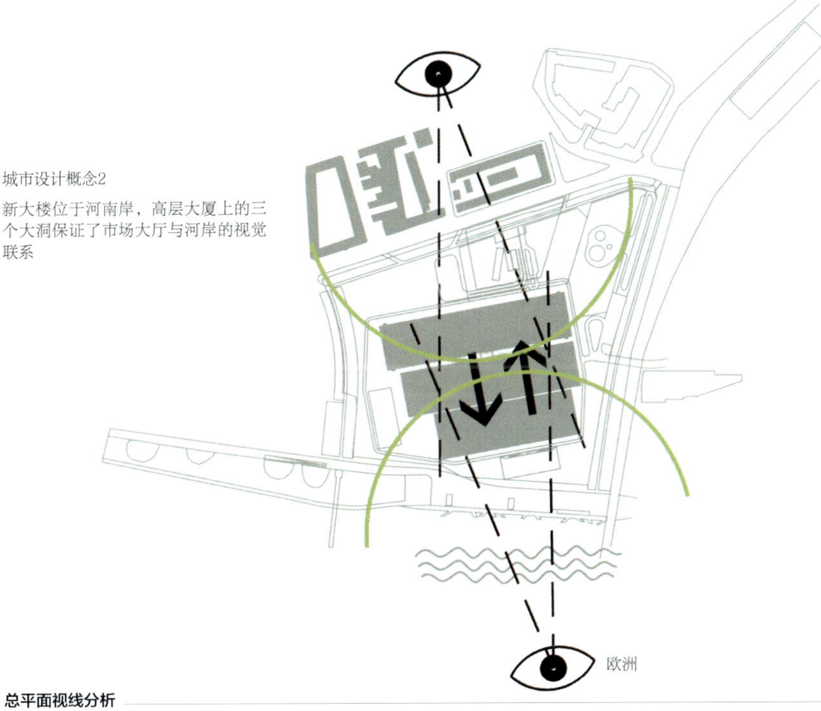

城市设计概念2

新大楼位于河南岸，高层大厦上的三个大洞保证了市场大厅与河岸的视觉联系

欧洲

总平面视线分析

070603
Monumental plaza
Linear square
Link park
Green belt

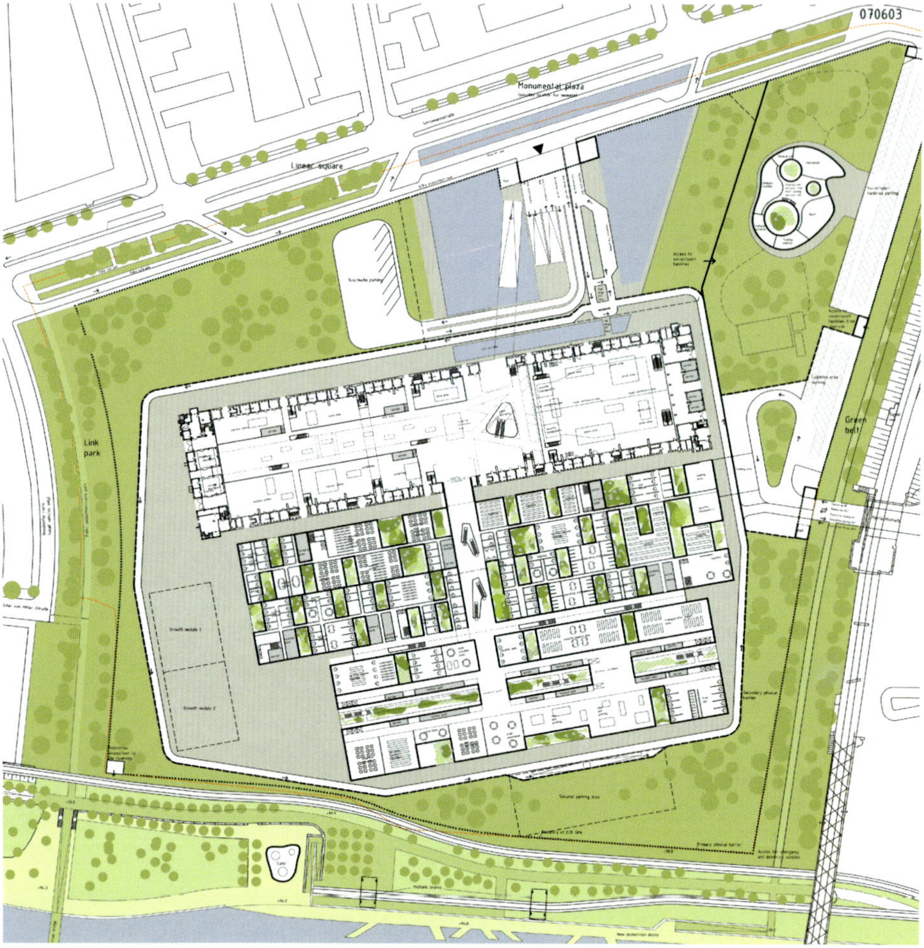

总平面图

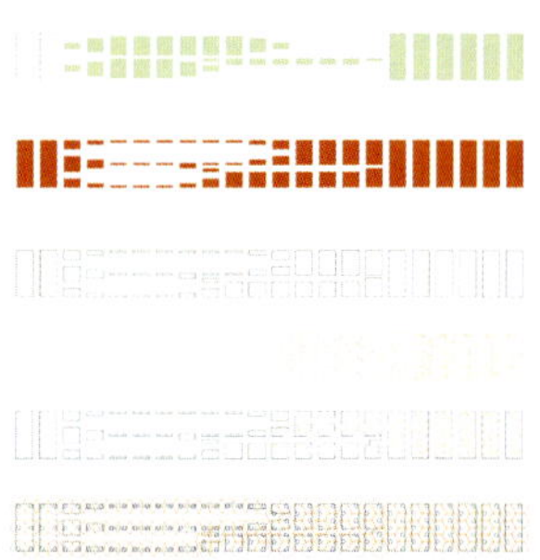

平面图形分析

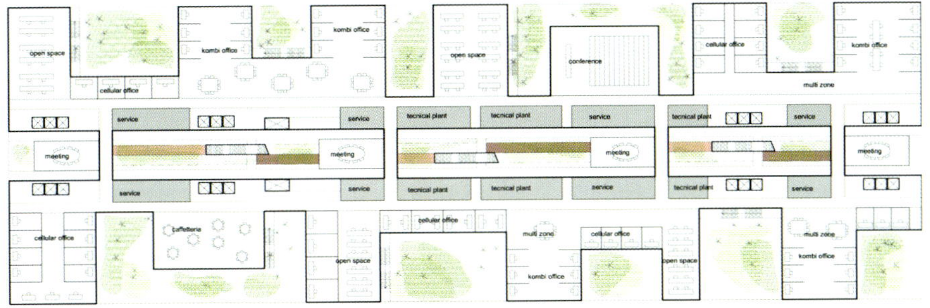

标准层平面图

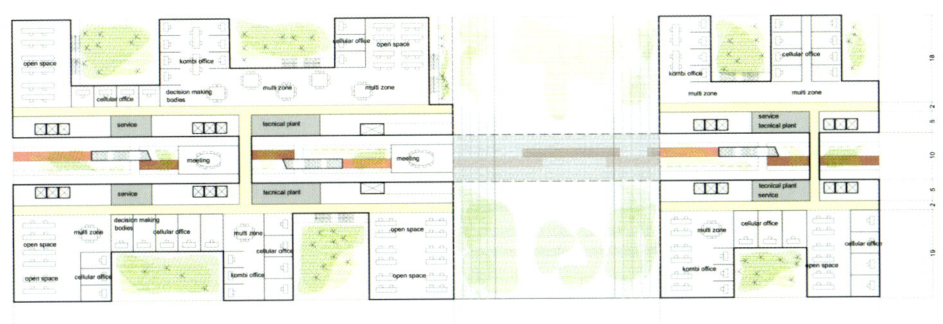

一层平面图

地面层平面图

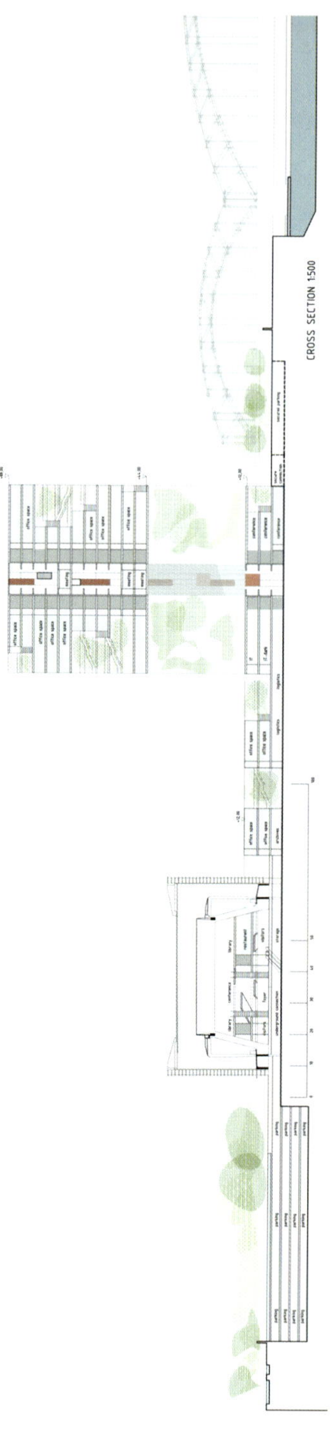

剖面图

概念层剖面分析

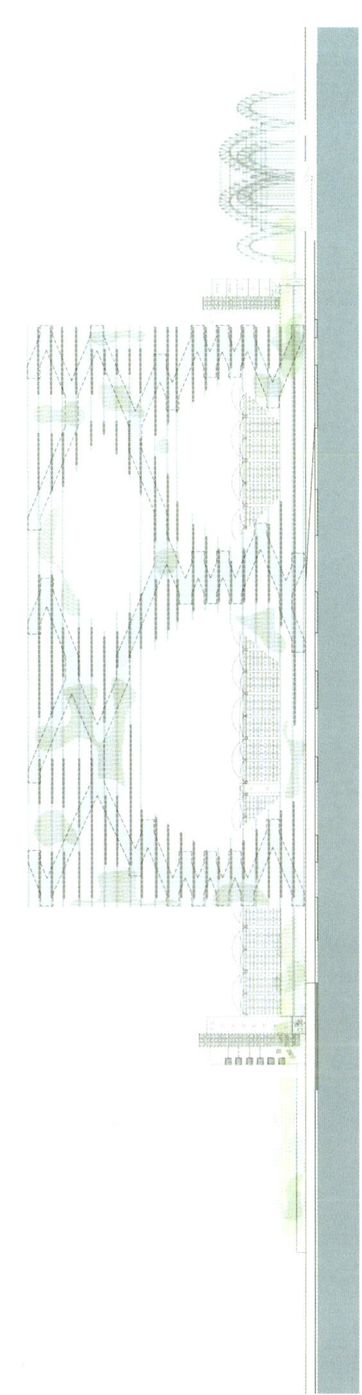

南立面图

New Paris Courthouse / Paris,France

11 新巴黎法院

巴黎，法国

本方案特别地考虑了密度、地段渗透性及混合功能等问题的解决方法，在保持地段、住宅、绿色空间、办公室及各种活动等主要因素平衡的前提下，注意保证南北方向的连续性与行人穿越的动态平衡，连接了曾经由铁轨带来的断裂。

本案设计目标的起点，是在与“Tolbiac”区域快速的城市变化和谐的前提下，创造一个重要、真实的当代标志物，一个可以象征司法系统价值的方尖碑。

总平面

法院将建造的“岛状轮廓”地区的边界确定下来，既保证了建筑的安全，又不会给当地交通带来严重影响。在Vincent Auriol大道上只提供了一个机动车出入口，连接着三条内部路径：一条通向地下安全停车区；一条将警察和监狱车连接送到安全区域；还有一条为运送及后勤区服务。

方案特别地考虑了在商讨中浮现出来的敏感问题，比如密度、地段渗透性及混合功能等问题的解决方法。

在保持构成地段、住宅、绿色空间、办公室及各种活动等主要因素平衡的前提下，新法国高级初审法院（TGI）大楼的整个体量被打断为两个主要体块（Freyssinet厅及新塔楼），它们在大堂里互相连接。

对于地段可达性，方案注意保证南北方向的连续性与行人穿越的动态平衡，连接了曾经由铁轨带来的断裂。在地段东部，公共空间的斜坡保证了交通功能，在中央区域，TGI广场与财政部及Broglie街相连接。

关于混合功能的问题，由于其形态的原因，法庭不会影响到ZAC左岸的开发；另一方面，它将与周边环境整体地联系在一起，有助于为法院员工及居民塑造一个优质的城市环境，其中包括办公、住宅、商店、体育设施以及主要文化设施，比如国家图书馆以及这座新法院。

住宅、办公及各种活动位于覆盖铁轨的地面上，该区域沿着一条主要道路布置，朝向法国大道。在这里，一种新的城市界面被活动丰富的公共空间打断，成为动态的法国大道与13区较小尺度的住宅部分之间的调和剂与连接点。沿着这条主轴，排列着一系列硬质或绿化的公共空间以及容纳各种活动焦点的社交区域。这个公园缓慢地向东侧倾斜，连接起地段南部及Chevarelet街。

主广场插入到这个公共空间轴之中，成为与halle Freyssinet相连的大型公共空间；前广场成为前部公共空间的一部分，它是开敞的，并试图表达社会中司法的地位，缩短司法与人们之间的距离。

入口广场将向国家图书馆以及塞纳河开敞，强调了新TGI大楼的开放特性。广场的东西两侧将由办公楼框定，逐渐形成一种“那不勒斯的新市民中心”以及“办公广场”。

方案特别关注开放区域和绿色区域的质量，以获得一系列不同的空间来进行不同层面的交流互动。区域内的绿色网络沿着与法国大道平行的绿色步行街建立，在住宅活动区域中间的空隙点缀绿色景观区。在东端，一个种植丰富的茂密公园对外开敞；这座公园里面有一些体育活动，利用原有斜坡，形成一处有活力的景观。这片区域保证了优质的开放空间，无论是居民还是员工，都可以在此相互交流。

公共停车

用地范围内安排两个停车场，一个由Vincent Auriol大道出入，而另一个则从Chevaleret街到达。

高级初审法院（TGI）大楼

该工业化大楼成为市政设施的社交公共核心；先进的技术建造特点和轻盈的结构，决定了其内部空间和光

线的质量，使它成为“脚步消失的房间”中的完美空间。原有面积点缀着不同面积的庭院，保证了需要的直接自然光。

方案保留了原来布局中的3条走道，在它们的端头各自缩减，以为建筑和公共空间留出更多余地，将听证室与公共空间放在建筑的东部，而界限更为清晰的西侧则打算放置安全区域，以使其易于控制和保护。最高法庭区将从入口广场中浮现，出现在halle Freyssinet的公共部分的重心位置，以保证室内通行量的最大化。

塔楼将被赋予纪念性特色，其表皮与周边环境及国家图书馆和谐。塔楼的单体量形态意在反映司法系统的坚固，而入口广场的开放性则象征着司法系统向所有需要服务的人们开放。

入口广场将人们带引到唯一的公众和法庭常规使用者入口，在这里有信息亭指引使用者到达建筑内的目的地。人们可以到达halle Freyssinet中的公共区域；只有通过安全控制并获得了安全通行证的人才可以到达建筑中高等法庭所在的较高楼层。法官、检察官以及登记处人员还有另外两个入口，一个在大堂东侧的公共广场，在周末通过它可到达开放区域；另外一个在建筑南侧，朝向室外停车场，可通向罪犯区内的公共区。

公共区域

公共区域是指大的开放空间，这里包含一系列辅助设施，比如等候区、律师与客户会谈区，还可以从这里到达两翼的听证室以及市民和罪犯听证室。按照其类型和大小，听证室被分成不同的“功能块”组，“插入”原有结构。听证室的分组考虑到了共享辅助区域（审议室、卫星室等）的可能。

在TGI开放时间以外需要功能上独立的会议室，以及五个听证室组成的“块”（也在TGI正常开放时间以外使用）被组合在一起，放在大堂的东侧，以使该区域在TGI开放时间以外使用。所有听证室的“块”都可由一条公众路径从大堂到达，形成一条安全的运动路线，通向体块后部，与安全区域连接。

高等法庭区

高等法庭区位于从入口广场中浮现的纪念性塔楼之内，只有通过安全控制并拥有安全通行证的使用者才能到达。为首的两层是公共区域与法庭区之间的起点，容纳着法庭、图书馆的职工和官员们使用的区域。公共空间中所体现的罪犯区与市民区之间的明显区别，在高等法庭区得到了保持，以提高功能性以及竖直、水平方向上的运动流。在法庭塔楼的立面上，有4个清晰标志的区域：市民法庭、罪犯区（被分为两个子分区：公共检察官以及法官）、首席登记官以及主要司法办公室，它们互相连接但同时保留着自己的个性。检察官办公室构成了一个单独的不可分割的单元，主要司法办公室及登记官的部门被放置在市民区与罪犯区之间。这些办公室用一种灵活的方式排布在内院周围，保证了所有高等法庭区的自然采光。这样它们可以围绕着“光井”及竖向交通，方便地重组和重塑。不同区域之间的缓冲区容纳了高质量的社会性空

A
B
C
铺地公共空间
espaces
pavés publics
绿化公共空间
espaces
verts publics
公共广场
place public
申诉庭
parvis d'accès
私用空间
place privee
îlot T8
accès zones
logistiques
保密入口
汽车入口
停车场入口
accès véhicules
accès parking
protégé
accès zone
sécurisée

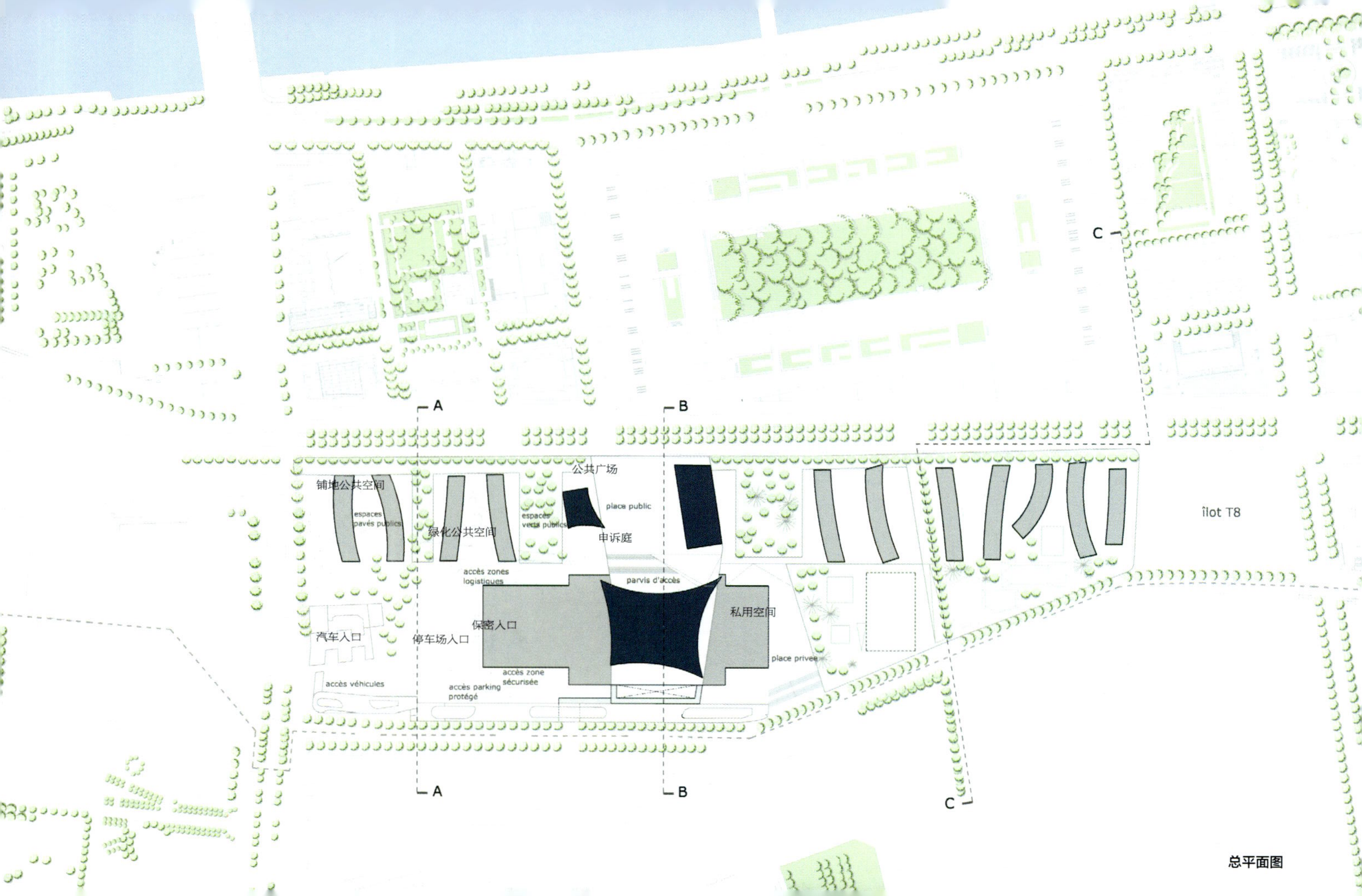

总平面图

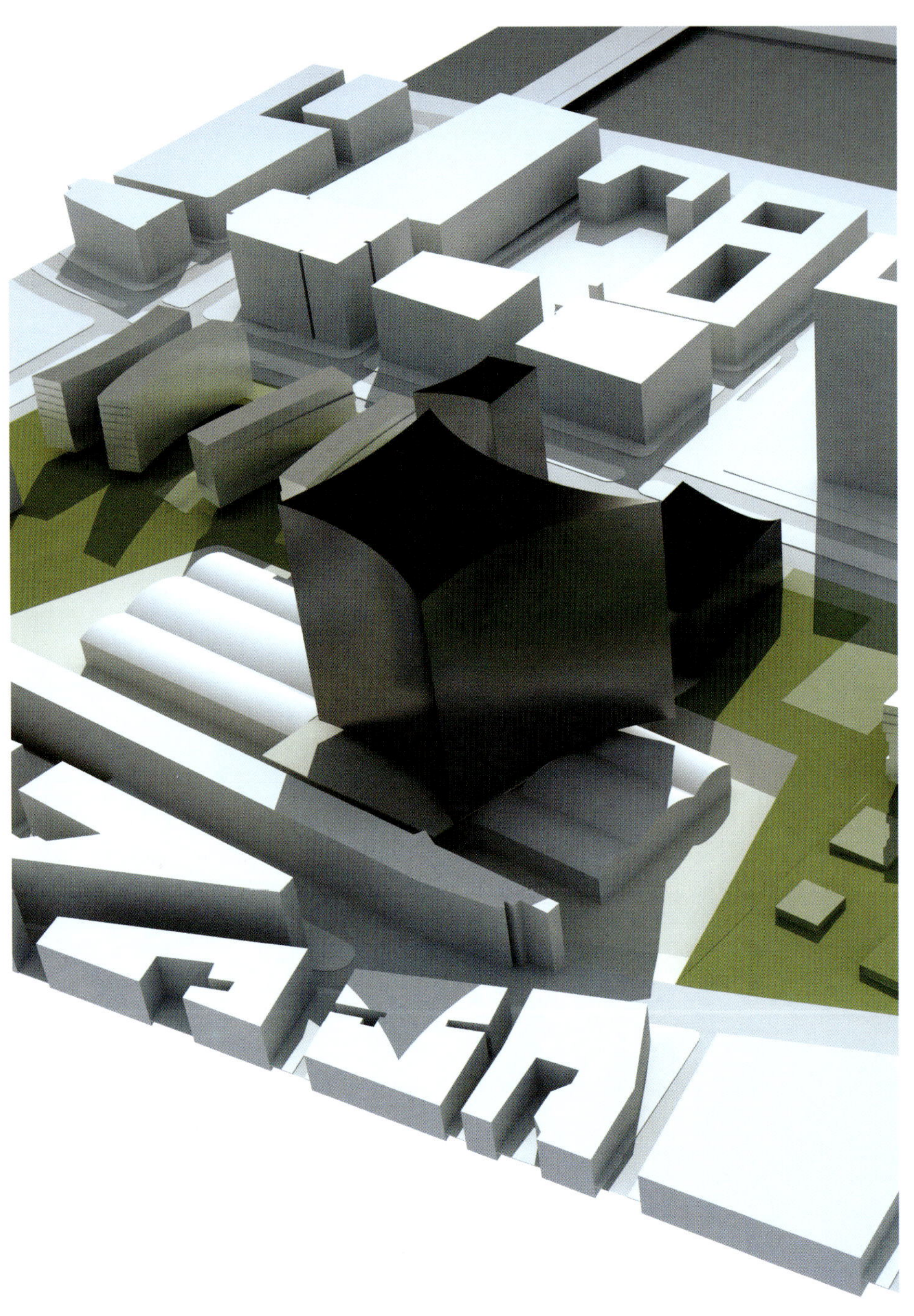

间，职工们在此进行互动和社交活动。

安全区域

安全区域位于halle Freyssinet的西部，这是一个更受到遮蔽且更孤立的区域，易于保护和控制。安全财产区域的180个房间被分为两层“安全块”，没有朝向外部的立面，从现有建筑中分隔出的内庭里接收光线。“安全块”被设置为一个“绿色的围合”：房间与走道由一个覆有生长植物的栏杆结构分隔开来。财产区域通过走道与军事指挥台（被放置在公共与安全区域之间的一个缓冲地带）相连，并继而通过安全受控的走道与听证室相连。安全区域的位置保证了警察与安全车持续而连贯的联系，将不会干扰整个结构的正常功能。火警安全服务也位于安全区域中的一个重要位置，它与机动车入口及建筑的其他部分快速相连。

服务区域

服务区域根据功能和特殊的到达路径，被分散在建筑的不同位置。大多数支持性服务、储藏及后勤区域，被布置在入口平台下面的地下室里，形成一个中央位置，并优化了内部的活动。饮食与娱乐区域基本都位于10层，一个对于在此建筑中工作的每一个人都很方便找到的地方。餐厅被分为两部分，一个在塔里，一个在公共空间里，面向低处的广场，以便同时被会议厅的公众使用。在服务地下室里还包含一个安全的80个车位的地下停车场，在财政部下方的室外停车区域还有100个车位。

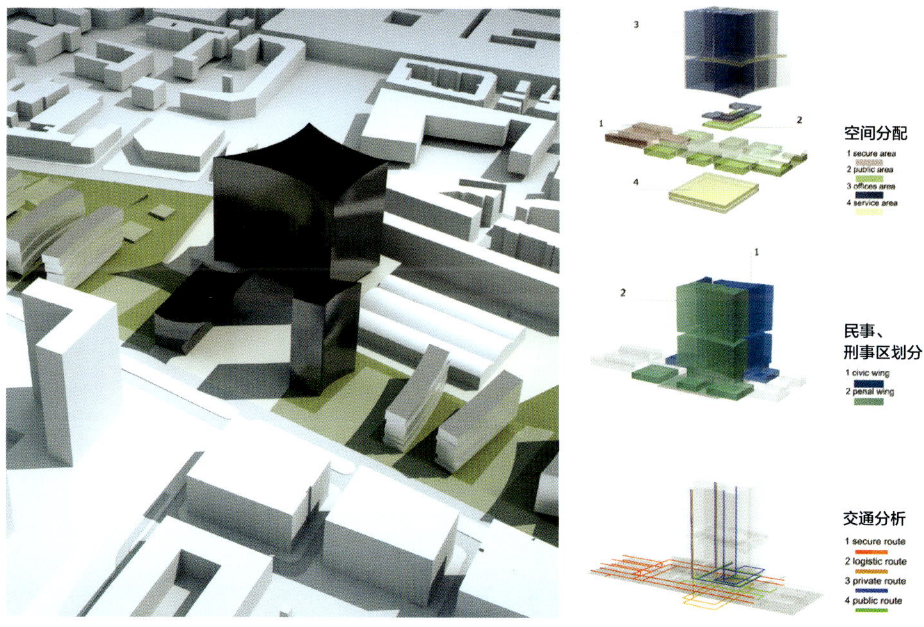

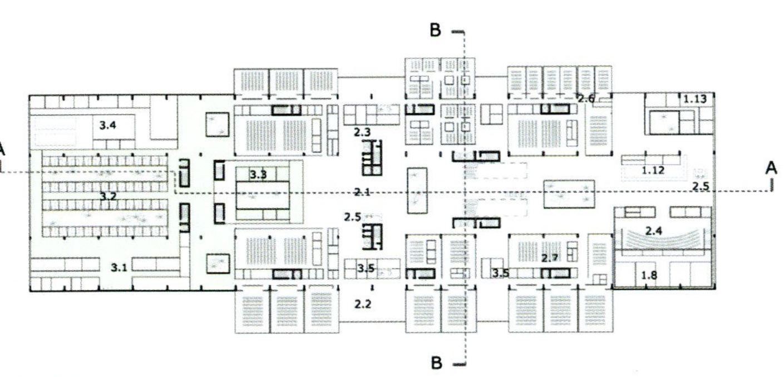

地面大厅层平面图

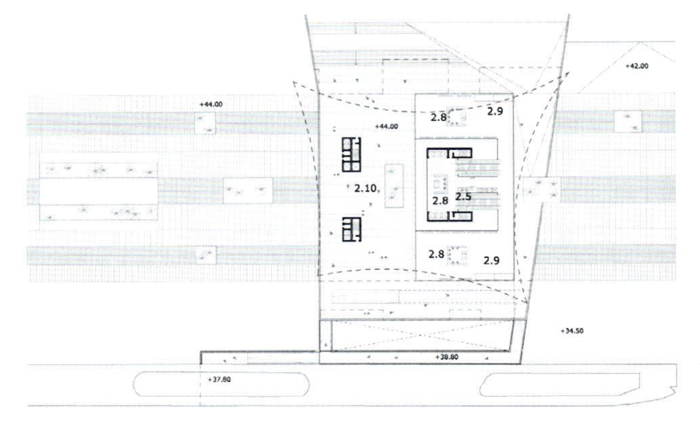

入口层平面图

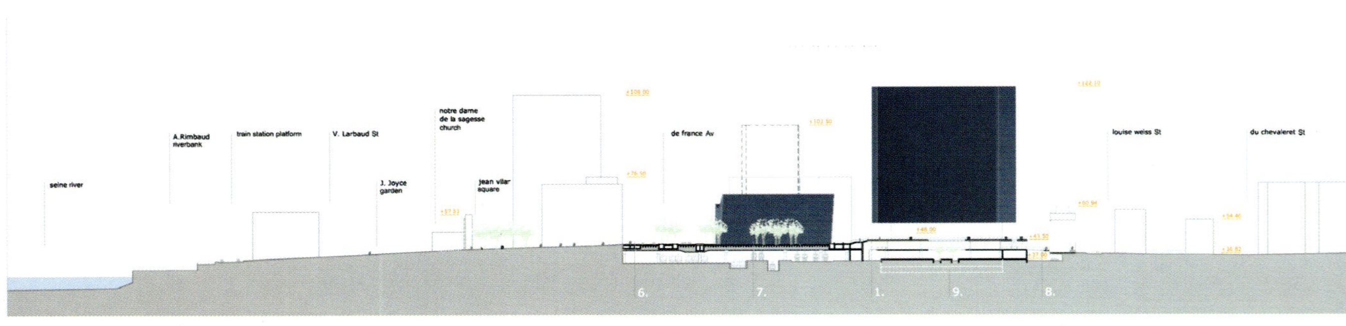

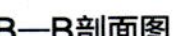

B—B剖面图

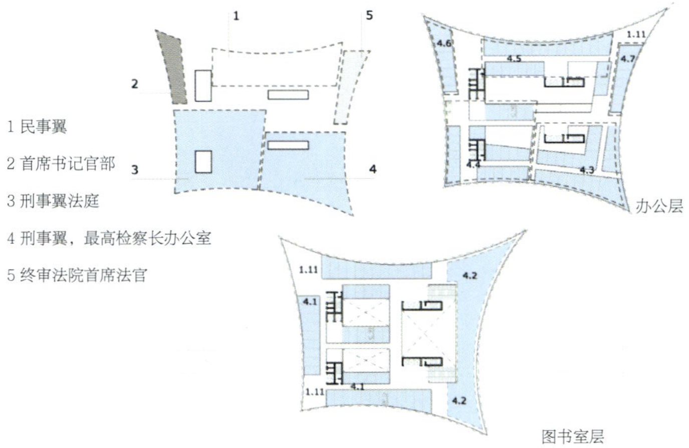

1
5
2
3
4

1 民事翼

2 首席书记官部

3 刑事翼法庭

4 刑事翼，最高检察长办公室

5 终审法院首席法官

4.6 4.5 1.11 4.7 4.4 4.3

办公层

1.11 4.2 4.1 4.1 1.11 4.2

图书室层

平面分析图

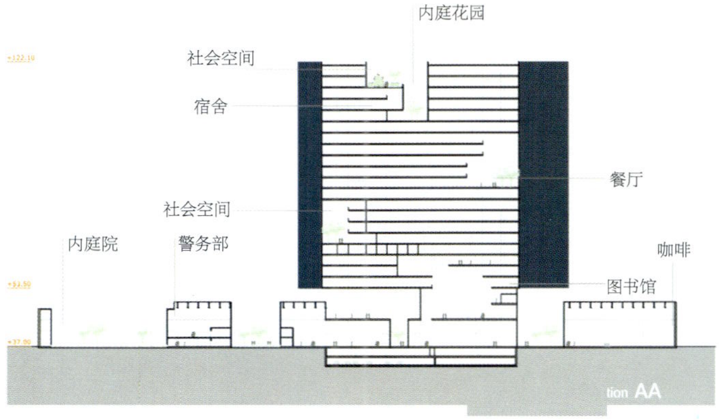

内庭花园
社会空间
宿舍
餐厅
社会空间
内庭院
警务部
咖啡
图书馆
tion AA

A–A剖面图

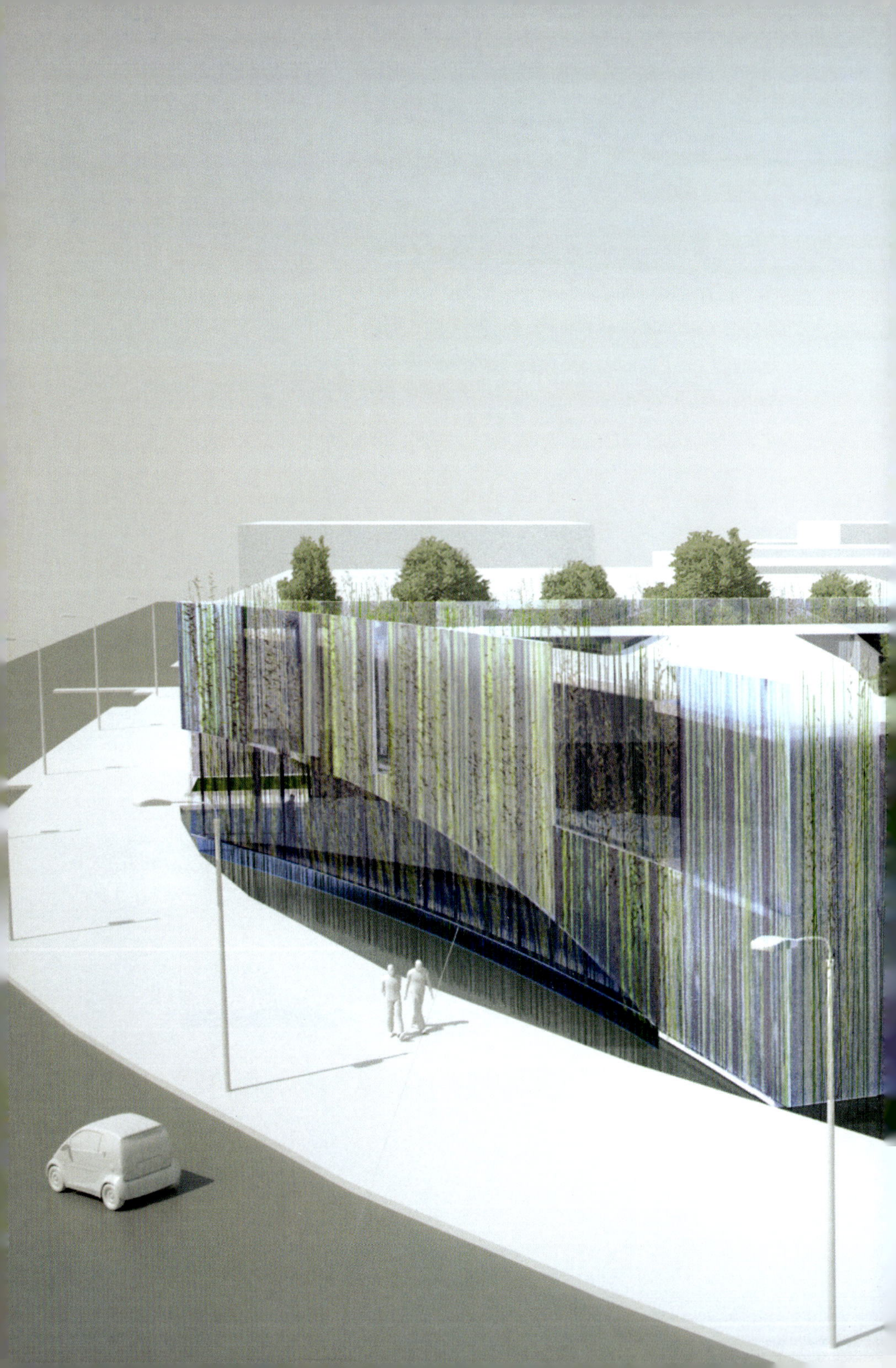

Zambonini Headquarter / Florenzuola D'Arda ,Italy

12 赞姆波尼尼公司总部

佛罗伦萨,意大利

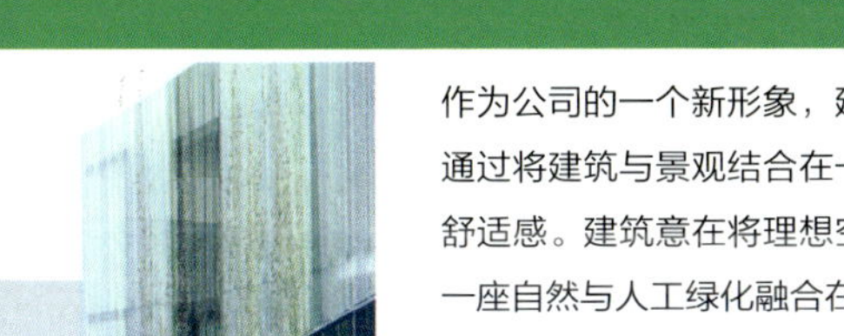

作为公司的一个新形象，建筑方案不仅关注形态方面，更主要的是通过将建筑与景观结合在一起，专注于办公空间环境与心理的高度舒适感。建筑意在将理想空间、景观与实际空间汇聚在一起，形成一座自然与人工绿化融合在一起的庭院建筑。

该项目意在塑造赞姆波尼尼（ZAMBONINI）公司的一个新形象，建立一座代表集团，并关注空间的感知与体验的建筑。

方案不仅关注形态方面，更主要的是通过将建筑与景观结合在一起，专注于办公空间环境与心理的高度舒适感。设计的概念出发点很简单：一个立面。它一方面是通风立面，一方面又是一个微型垂直温室，这成为建筑的特色。

建筑意在将理想空间、景观与实际空间汇聚在一起，成为一座传统的庭院建筑，其中自然与人工的绿化融合在一起。

为了最充分地利用所给地段的地形，建筑师把新建筑放在三角形的端点（两层大约1500平方米），地段的其余部分留给新的生产仓库（2700平方米）。

建筑体量围绕着一个种有树木的绿色庭院，界定了一个高质量的受保护内部空间。在外部，建筑墙面弯曲并打破了原有的形状，形成微妙的形变，并为工业建筑体量形态占据了主导地位的造型贫乏区域带来动态性。

内凹的立面塑造了周边环境，从不同视角形成了不同的吸引点。这样的形态导致尖锐的边缘，从而成为视线焦点，随着观者的运动形成对建筑的不同感知。

建筑与地面分离，坐落在一片水面之上，水面强调了立面圆滑的形变，在一天中的不同时刻营造出不同的颤动效果。在这些形变之中，面向新的生产建筑的形变尤其重要，因为其内凹的形状定义了一个奇妙而具有代表性的受保护空间，建筑师在这里放置了新入口：可供赞姆波尼尼新总部的员工与访客使用的公共广场。

新入口的位置由外部空间性决定，而建筑中间的内凹地带则作为欢迎人们进入的区域。扭曲的体形中设有绿色专区，比如一个主庭院中的树木区，以及在变形立面中的微型竹温室。

绿色专区意在为办公场所带来温度和心理方面的舒适感，建立一个健康安宁的通风微系统。在这些内部措施之外，设计者还

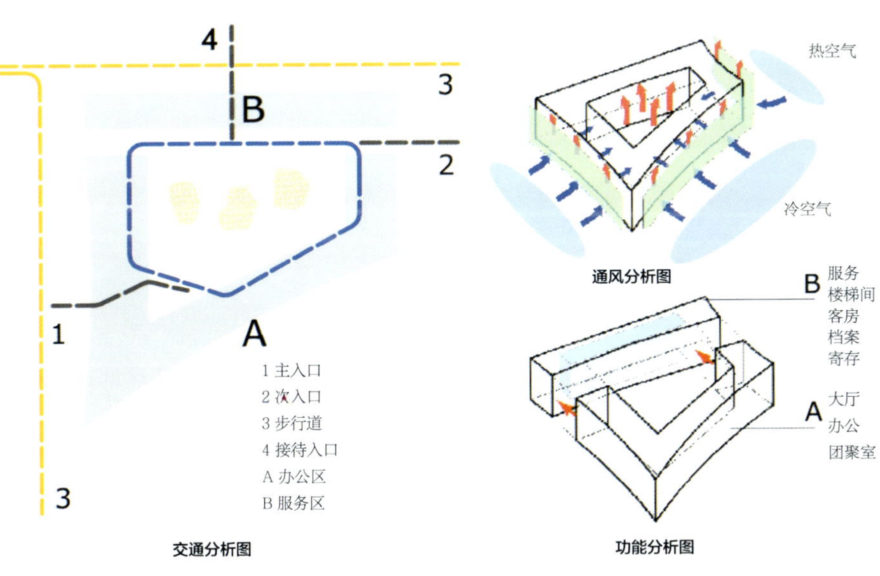

交通分析图

通风分析图

功能分析图

设置了一个外部水池（除了美学功能外还扮演调节气候的角色）以及一个保护生产建筑的自然绿色带。方案对建筑生态方面的特殊关注成为公司的象征：所有的连续玻璃立面都配有绿色的竹子丝帘。丝帘过滤了光线，并保证了与微型温室内部绿化之间的强烈对话；这种图像与自然元素的交替，从内部以及外部提供了不同的感知方式。

区位图

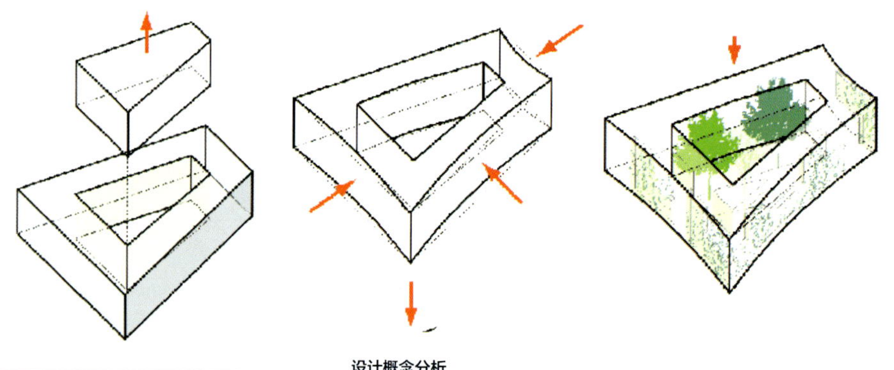

设计概念分析

一层平面图
总平面图

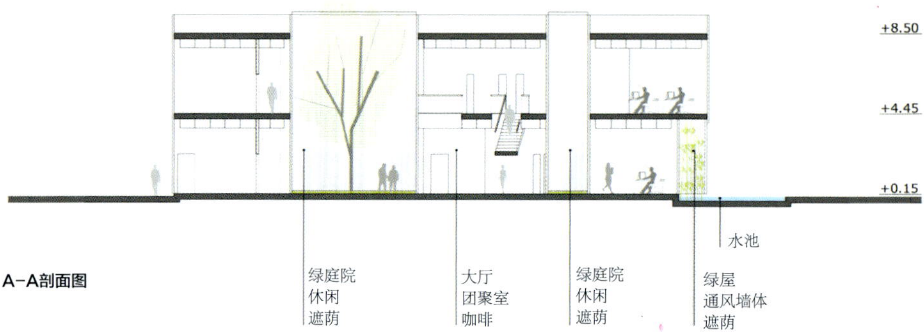

+8.50
+4.45
+0.15

水池

A–A剖面图

绿庭院
休闲
遮荫

大厅
团聚室
咖啡

绿庭院
休闲
遮荫

绿屋
通风墙体
遮荫

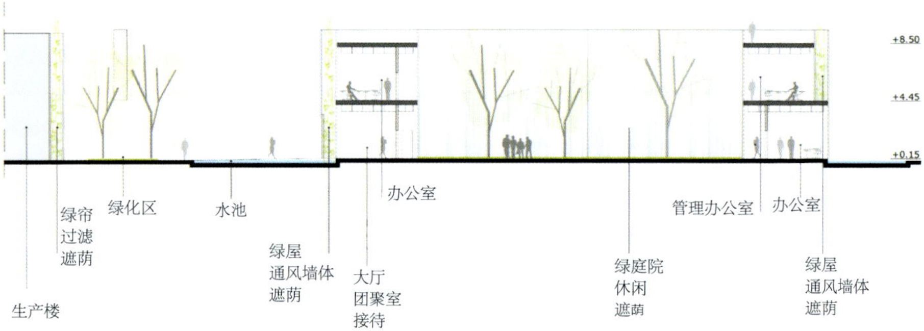

+8.50
+4.45
+0.15

办公室

绿帘
过滤
遮荫

绿化区

水池

管理办公室

办公室

绿屋
通风墙体
遮荫

大厅
团聚室
接待

绿庭院
休闲
遮荫

绿屋
通风墙体
遮荫

生产楼

B–B剖面图

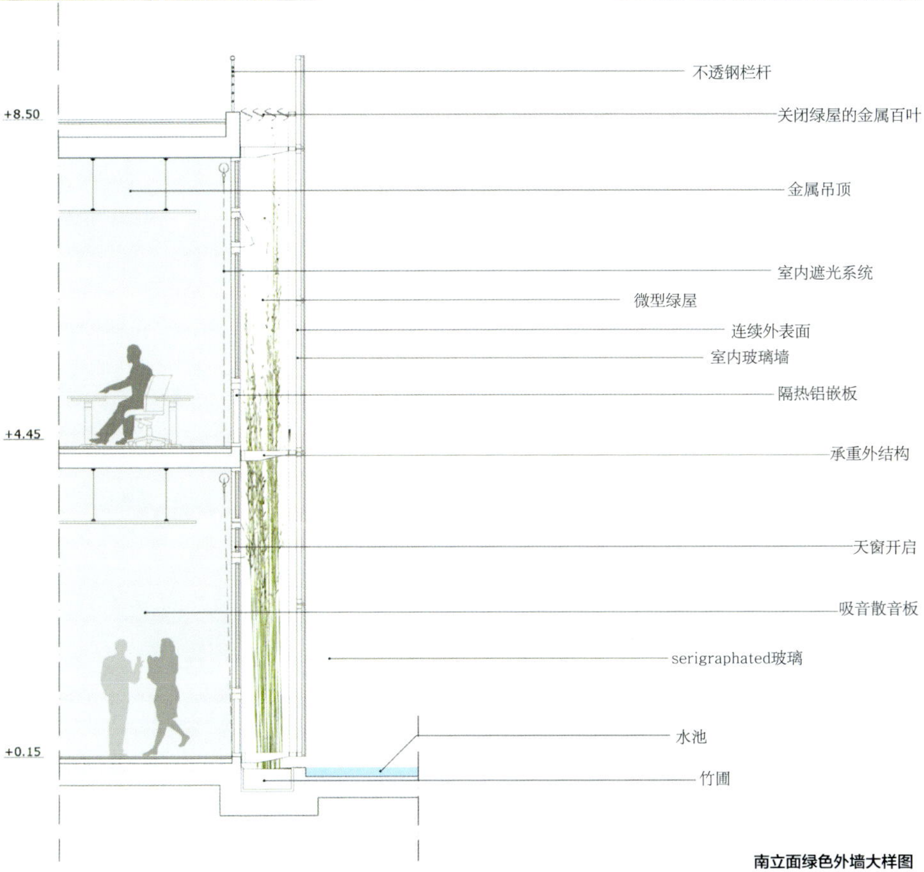

+8.50
+4.45
+0.15

不透钢栏杆
关闭绿屋的金属百叶
金属吊顶
室内遮光系统
微型绿屋
连续外表面
室内玻璃墙
隔热铝嵌板
承重外结构
天窗开启
吸音散音板
serigraphated玻璃
水池
竹圃

南立面绿色外墙大样图

Asplund Library / Stockholm,Sweden

13 斯德哥尔摩公共图书馆

斯德哥尔摩，瑞典

这是斯德哥尔摩公共图书馆的扩建竞赛方案。建筑师尤其注意建筑间公共领域的集体性和象征性价值，方案强调了几座塔的代表性价值，它们通过与艾士伯伦图书馆圆柱形体量间的敏感而复杂的对话，定义了一条新的天际线。

该项目意在通过两个主要元素将观象山丘延至Odengatan大街，通过一系列在视觉上表明其介入的元素，与原有地形建立一种对话。建筑师尤其注意建筑间公共领域的集体性和象征性价值，着力改善所有区域之间的关系，增强山丘的可到达性。方案强调了几座塔的代表性价值，它们通过与艾士伯伦图书馆圆柱形体量间的敏感而复杂的对话，定义了一条新的天际线。这些小塔成为智慧与知识的象征：它们位置的序列性加强了艾士伯伦建筑无与伦比的独特性质。

专注于建筑元素与周边景观之间的融合是一种保存记忆以及城市景观的方法，而有代表性的、明确可辨的清晰标记有助于加强这种记忆。这样，观象山丘变成原有结构间的一个连接元素，填补了原有的未完成的艾士伯伦项目所留下的空白；山丘断续地通过将斜坡延伸至街道的平台向城市打开；Odengatan大街的立面是一个曲面体量，它合并、吸收了周边的城市肌理，优雅地显示出欢迎人们穿越公共和遮蔽的内部空间的邀请姿态。

从Odenplan大街或是相反方向而来的穿越Odengatan大街的使用者们，开始察觉到不同的标志性元素；入口体量与塔之间的视觉对话，使它们为稍后踏入图书馆时将体验到的这片领域定义了一张精神地图。

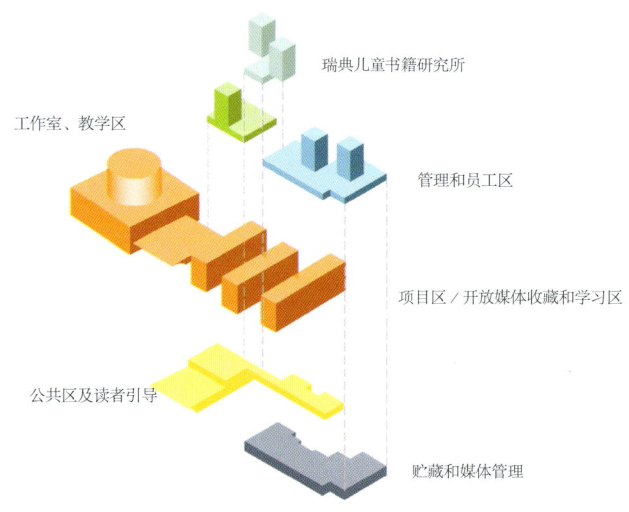

功能分析图

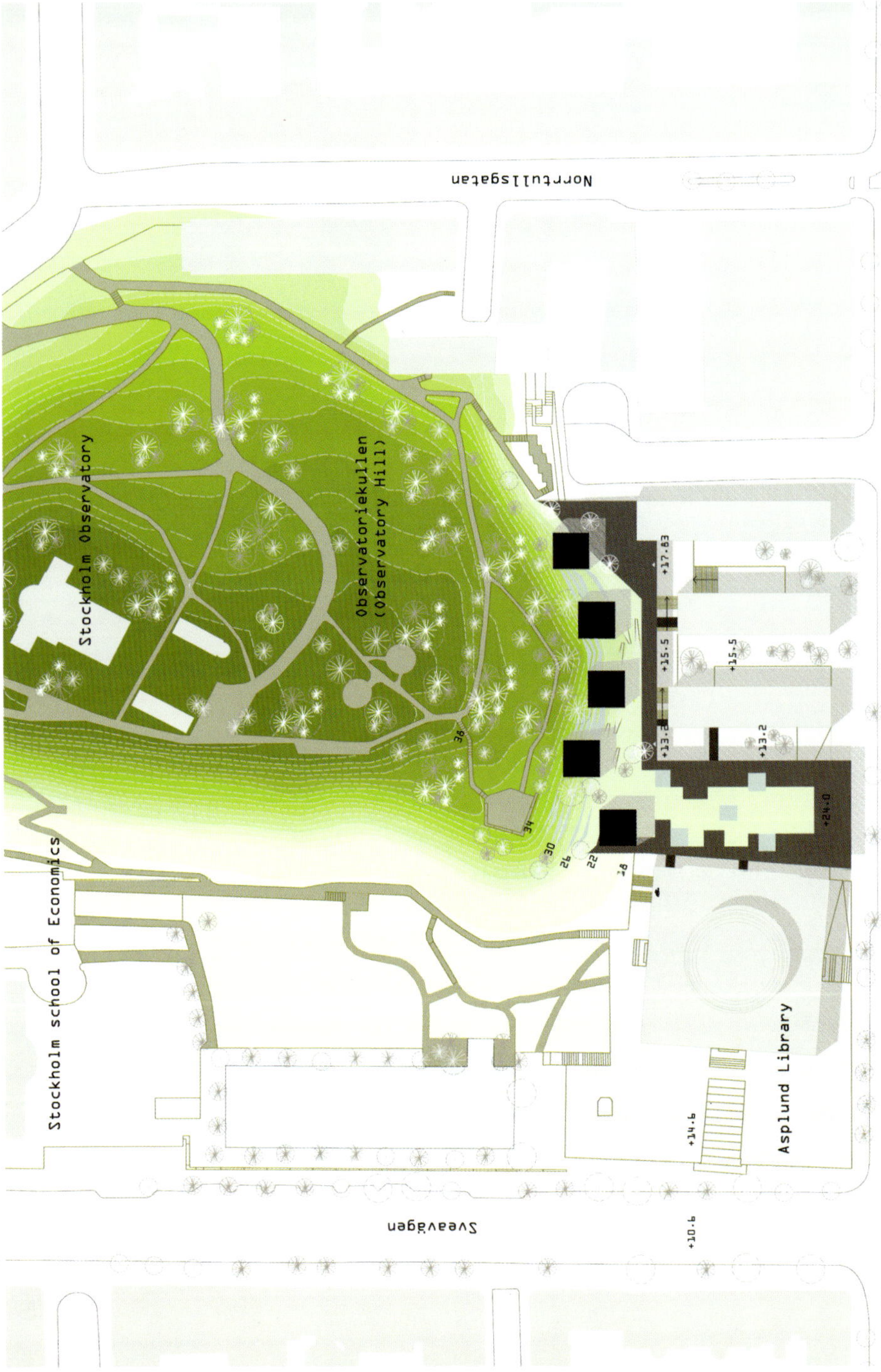

总平面图

Norrtullsgatan

Stockholm Observatory

Observatoriekullen (Observatory Hill)

Stockholm school of Economics

Asplund Library

Sveavägen

Odengatan

+17.83

+15.5

+15.5

+13.2

+13.2

+24.0

+14.6

+10.6

38

34

30

26

22

18

前立面图

virtual
virtual
regional
regional
regional
outreach act.
depositories
media management
management
management
management
marketing
marketing
marketing
staff area
caretakers' office and property service
logistic/loading platform
the Swedish Insitute of Children's Book
the Swedish Institute f Children's Book
studios
studios
studios
teaching
teaching
teaching
learning zone
learning zone
caffé
toilets/guardrobe
+26.40
+15.06
visit-oriented activities
+16.61
+15.91
+15.06

纵剖面图

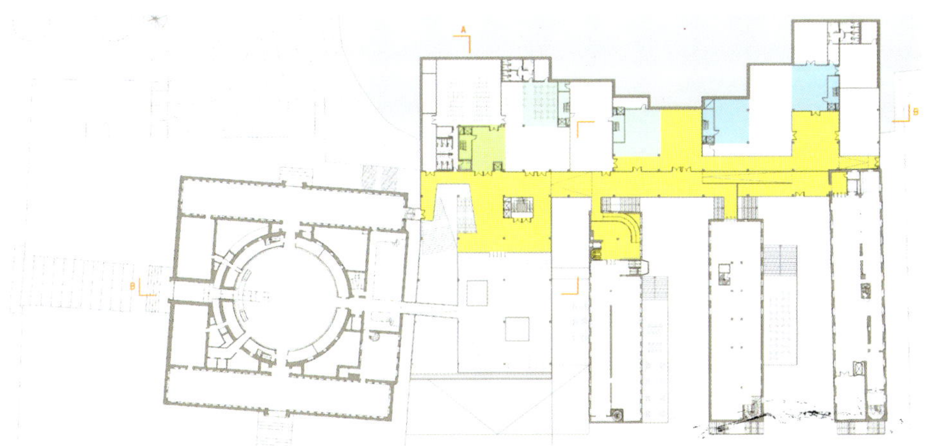

一层平面图

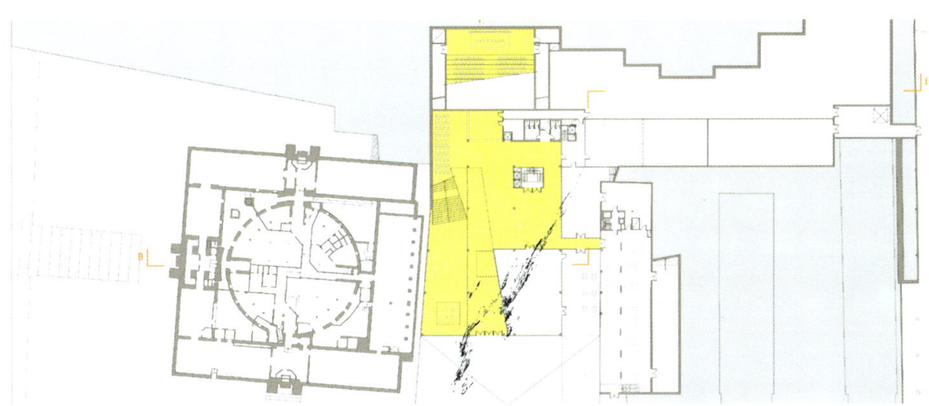

二层平面图

Tor Vergata University Labs / Roma,Italian

14 罗马第二大学实验室

罗马，意大利

这是一个体量不大、布局紧凑的三层小楼，它通过材质和尺度与外部环境取得实质性的关联，其内部空间也达到了工作环境和实验设施的合理优化效果。

这座三层楼高的建筑，在功能上完善了罗马第二大学的水生生物学校园。校园的这一侧是一个独立结构，出于特定原因，它被设置在与城市结合的边界处。

虽然体量不大，但该项目意在成为触发动态事件的萌芽和变革的潜在促进者。建筑从环境中抽离，拒绝模仿、类比或是套用建筑类型，而宁愿寻求与已有环境（无论城市或自然，似乎是随意形成的）之间实质性的材质关联。这并不是为了表达体量而对外部参照进行的研究，而更像是一个过程，以附近谷仓的尺度和简单形态为出发点，再使其适于研究工作环境、合理化设施以及内部空间的最优化。这座三层建筑的内部空间非常紧凑：底部两层是实验室，顶层则容纳了一个悬挑于入口空间之上的大会议室；一部连续的楼梯沿着南侧布满穿孔的墙面将所有楼层连接起来。

向外突出的玻璃会议室覆盖了一个未定形的方形空间，保护着入口空间，而建筑本身已成为一个新的重要边界。

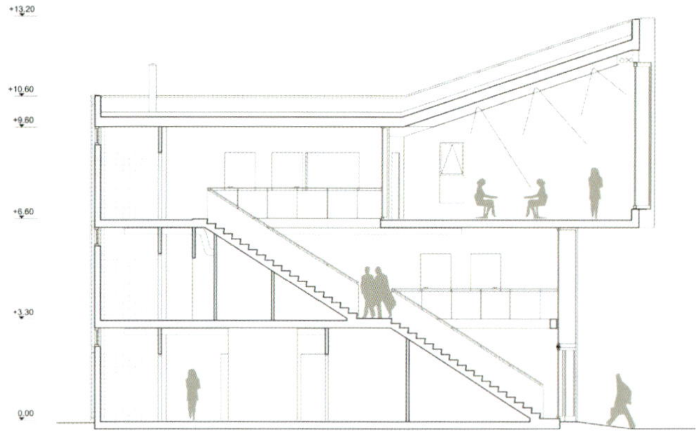

剖面图

南立面图

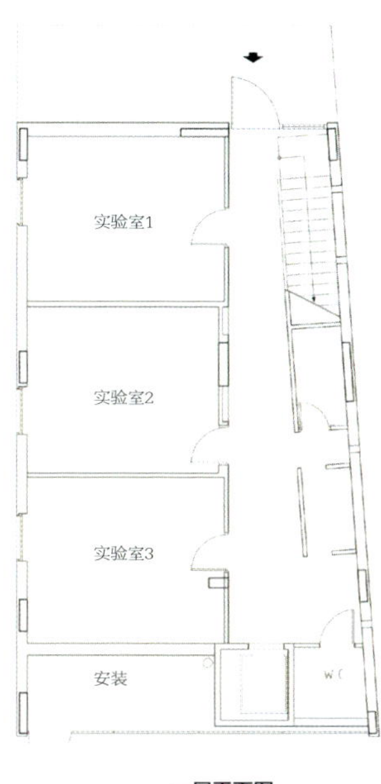

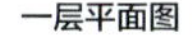
一层平面图

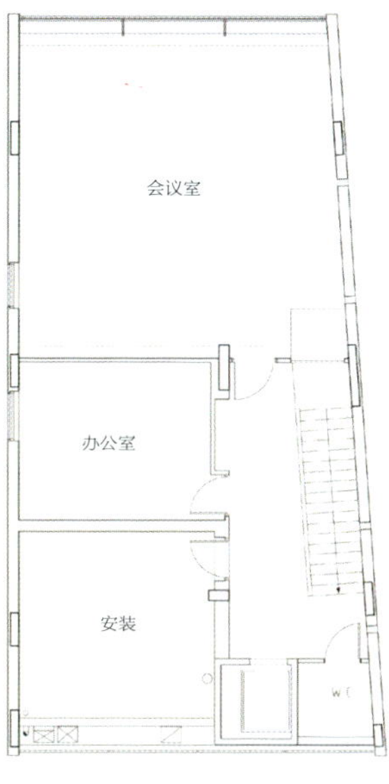

二层平面图

Fontana Candida Elementary School / Fontana,Italy

15 Fontana Candida小学

丰塔那，意大利

本案设计策略是把建筑看作一个能激发孩子们的想象力的可识别的元素。这座五彩缤纷的建筑，其正立面以斜屋顶系统为特色，而平面上呈现为花朵的形状。教室外面的“公共”社交空间与教室一样重要，是开展娱乐性活动和室外教学活动的重要场所。

小学是孩子成长中十分重要的一个阶段，由此向更自足的阶段迈出第一步，也是十分重要的一步；在这里，孩子学会如何与别的孩子、别的文化打交道，培养自己的逻辑推理技能，并扩展社交独立性以及好奇心。

本案设计策略是把建筑看作一个可识别的元素，并可能对孩子们的想象力产生影响。在这样的建筑中，孩子们一想到“我的学校像朵花儿一样”，就立刻建立起与建筑形态之间的联系，教室就像是花瓣，而中央的核心成为景观的一部分；学校变成一个有趣的东西，容易识别且对人的大脑产生强烈的影响。

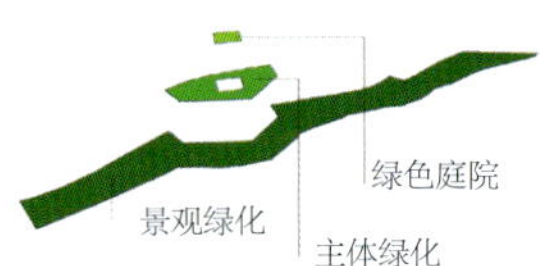

这所新学校将自己摆在两个边缘之间的支点上，它介于乡村与城市之间；这是一座五彩缤纷的建筑，其正立面以斜屋顶系统为特色，而在平面上呈现为花朵的形状。这朵花表达了一种热情，它包含着周边街区中不同元素并存的特性：学校、道路、公园以及景观。

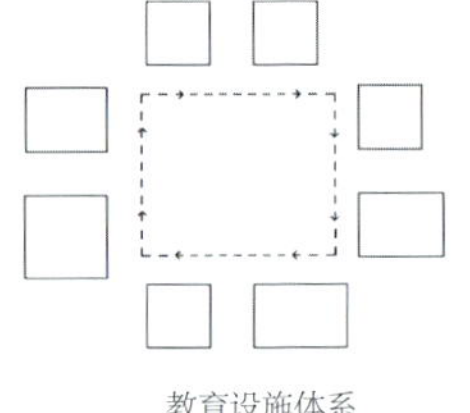

教育设施体系

不同区域的放射性布局和穿孔窗户系统保证了最大程度的日光照射量以及室内的自然光照。

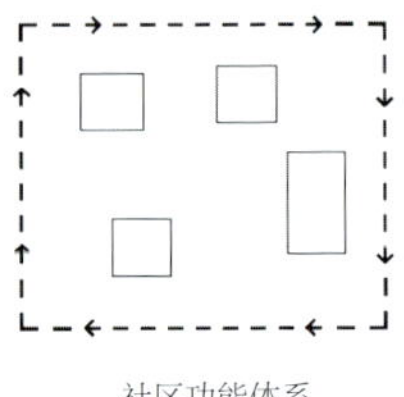

社区功能体系

概念分析图

连续的房间像花瓣一样布置在花冠——中央公共空间的周围，以保证学校区域的最大灵活性。花瓣里容纳着教学、服务和社交区域。在教室花瓣中，同样的一套区域可以与内部循环公共区域保持空间的连续性，其间由可活动墙体分隔。

中央花冠周围的布局结构与技术系统保证了日后空间的灵活性与可变性，不必进行任何昂贵的调整。

所有的教室都朝南或东南，日光都是从左侧进入。有两种可遮阳的窗户：大的都在房间的左侧，小的在房间底部；它们的高度保证不受阳光的直接照射。

在花瓣及内部庭院之中的环形路径旁，是较小的服务空间，以形成真正安静的区域；一系列小图书馆和多功能空间向中央庭院敞开，与室外的公共空间、天空及景观建立视觉联系。

卫星图

教室的表面和墙面、窗框用黄色、绿色、橙色、紫色以及蓝色

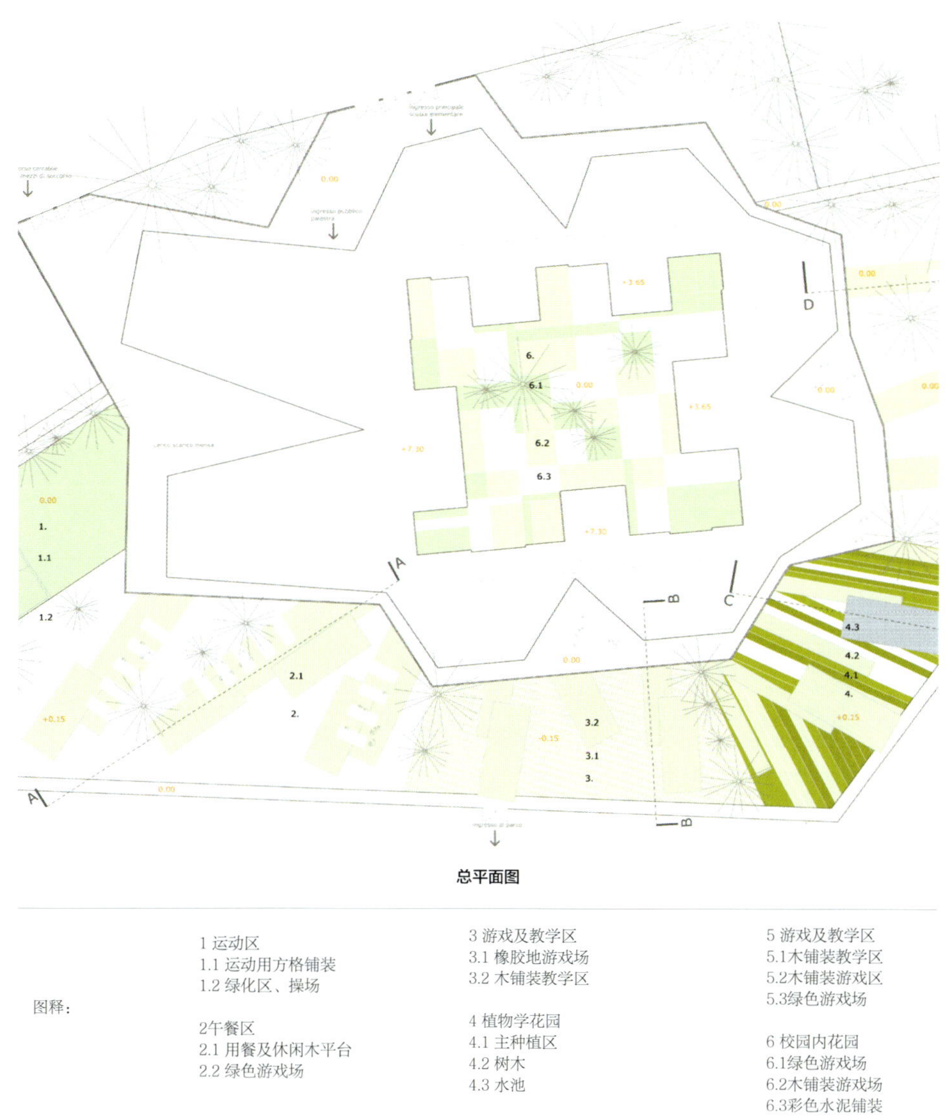

总平面图

图释：

1 运动区
1.1 运动用方格铺装
1.2 绿化区、操场

2午餐区
2.1 用餐及休闲木平台
2.2 绿色游戏场

3 游戏及教学区
3.1 橡胶地游戏场
3.2 木铺装教学区

4 植物学花园
4.1 主种植区
4.2 树木
4.3 水池

5 游戏及教学区
5.1木铺装教学区
5.2木铺装游戏区
5.3绿色游戏场

6 校园内花园
6.1绿色游戏场
6.2木铺装游戏场
6.3彩色水泥铺装

装饰，在组成学校有机体的不同体量之间建立起视觉上的并置关系，从而建立起某种识别码，通过颜色让学生们理解空间。学生将解读由不同颜色、透明度引起的空间与感知的差别，轻易地识别学校的不同区域，立刻区分出他的教室与伙伴的教室，并毫无困难地到达餐厅或健身房。

教室外面的“公共”社交空间保持了设计策略中最早的重视：设计师认为它与教室一样重要。学习阶段的活动越来越多地在教室外进行，于是营造舒适而吸引人的社交、互动空间就变成更为重要的需求。学生们可以方便地来到花园，它既是开展娱乐性活动的重要场所，又是开展室外教学活动的场所。

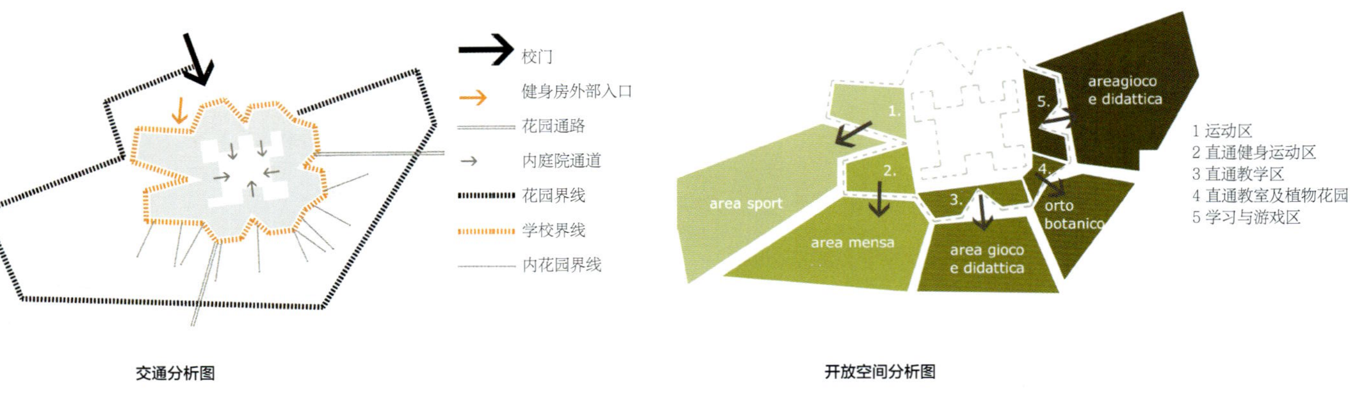

交通分析图

开放空间分析图

东立面图

零层平面图

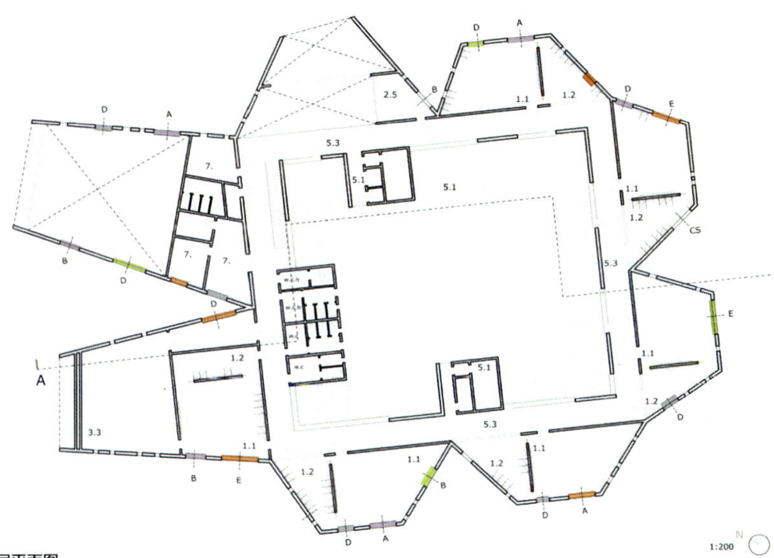

一层平面图

1 教学区
1.1 教室（一周期）
1.2 教室（二周期）

2 集体活动区
2.1 大厅
2.2 健身区
2.2.1 过厅
2.2.2 更衣室
2.2.3 医务室
2.3 食堂
2.3.1 餐厅
2.3.2 厨房入口
2.3.3 厨房
2.3.4 洗碗间
2.3.5 储藏室
2.4 图书馆
2.5 书记室

3 其他功能
3.1 绘画教室
3.2 计算机室
3.3 视听室

4 服务区

5 交通
5.1 楼梯间
货梯
客梯
5.2 楼梯

6 内庭院

7 办公室

1.1
1.2
1.1
1.2
3.
1.1
1.2
1.1
1.1
1.2
1.1
1 教学区
1.1 教室（一周期）
1.2 教室（二周期）
2 集体活动区
2.1 大厅
2.2 健身区
2.3 食堂
3 其他功能
3.1 绘画教室
3.2 计算机室
3.3 视听室
4 服务区
5 交通
5.1 楼梯间
货梯
客梯
5.2 楼梯
6 内庭院
2.1
2.2
4.2
5.1
2.1
2.2
4
5.1
2.3

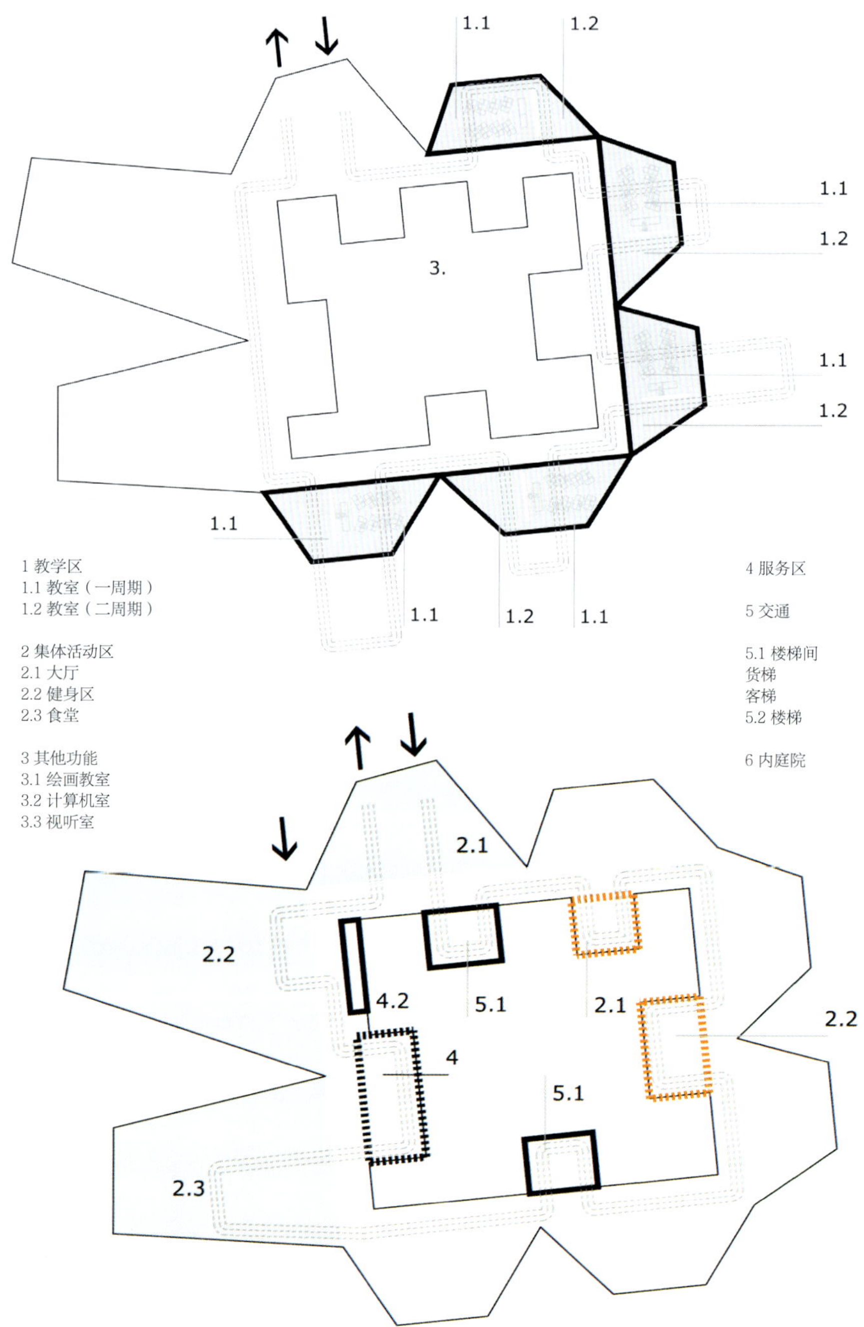

空间组织分析图

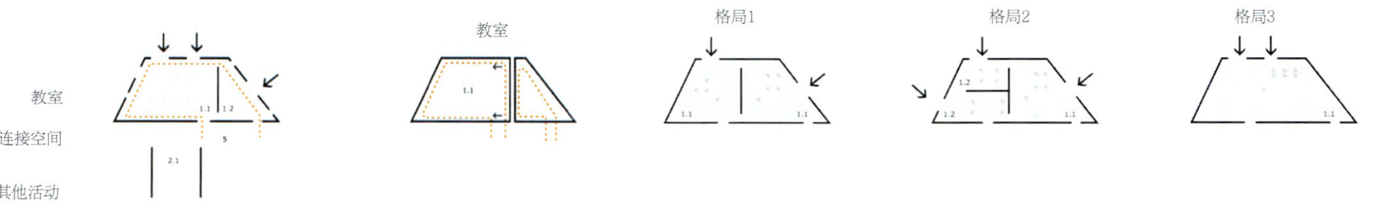

教室空间灵活性示意图

教室空间组合示意图

A－A剖面图

"Ospedale Del Mare" Hospital/ Naples,Italian

16 MARE医院

那不勒斯，意大利

圆柱形入口的体量意在达成医院综合体与城市环境之间的融合，交通系统像一棵盘根错节的大树从圆柱体里生长出来，在医院内部伸展，将不同区域连接起来。

医院建筑朝南的圆形入口以及在内院中组织的交通系统表达了那不勒斯外围Campania“地区”以及那不勒斯市的新医院综合体的一个断面。圆柱形的体量意在达成医院综合体与城市环境之间的融合。

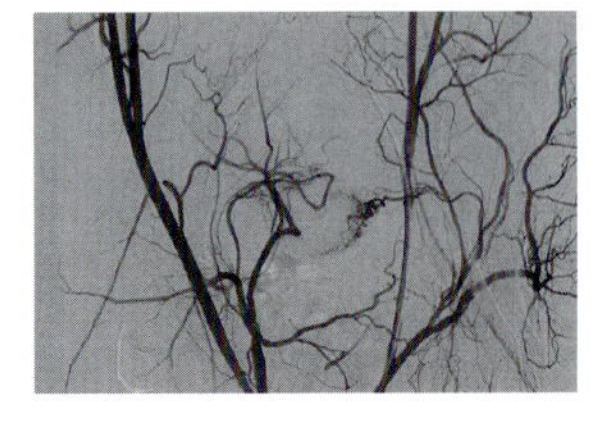

交通系统像一棵盘根错节的大树从圆柱体里生长出来，在医院内部伸展，将不同区域连接起来。圆柱体的核心由建筑元素构成，比如地板上的孔隙和大的玻璃体量，它们赋予空间一种独特的品质。立面上的图案设计及其半透明的彩色开口形成的韵律构成了交通树内空间的动态而友好的特质，圆柱体及连接枝杈的彩色表皮是由铝及彩色玻璃板制成的。

通道平面图

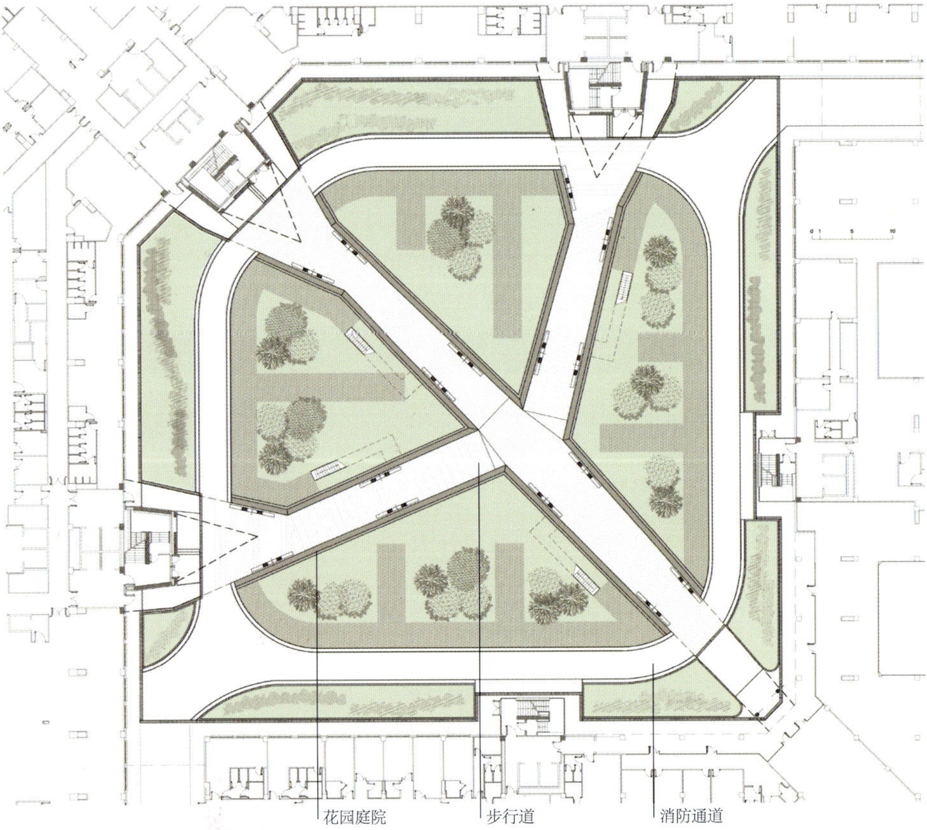

花园庭院 步行道 消防通道

1 医院入口

2 药房

3 警卫

4 大厅

5 主入口

6 公共广场

7 餐厅 + 厨房

8 内庭花园

9 次入口

10 邮递办公室

11 银行

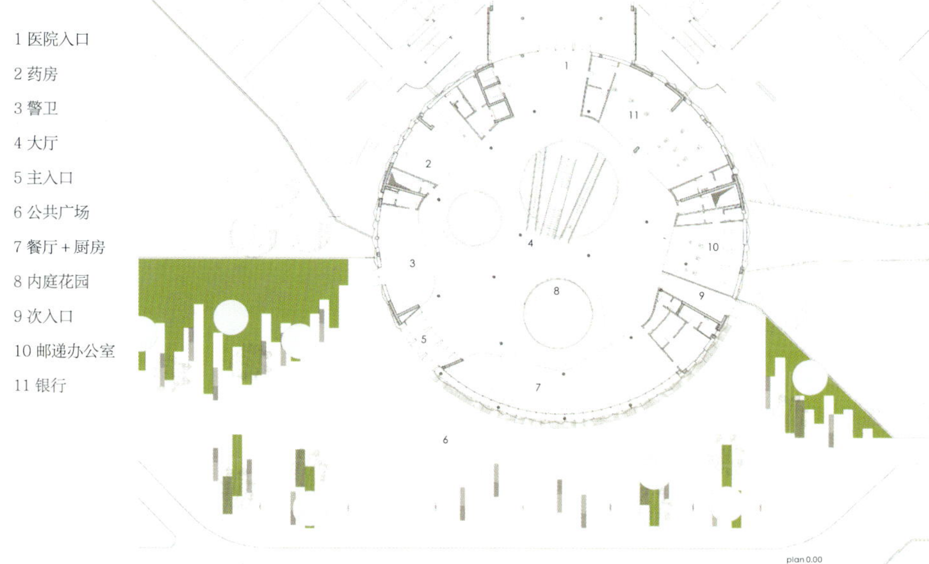

商业楼地面层平面图

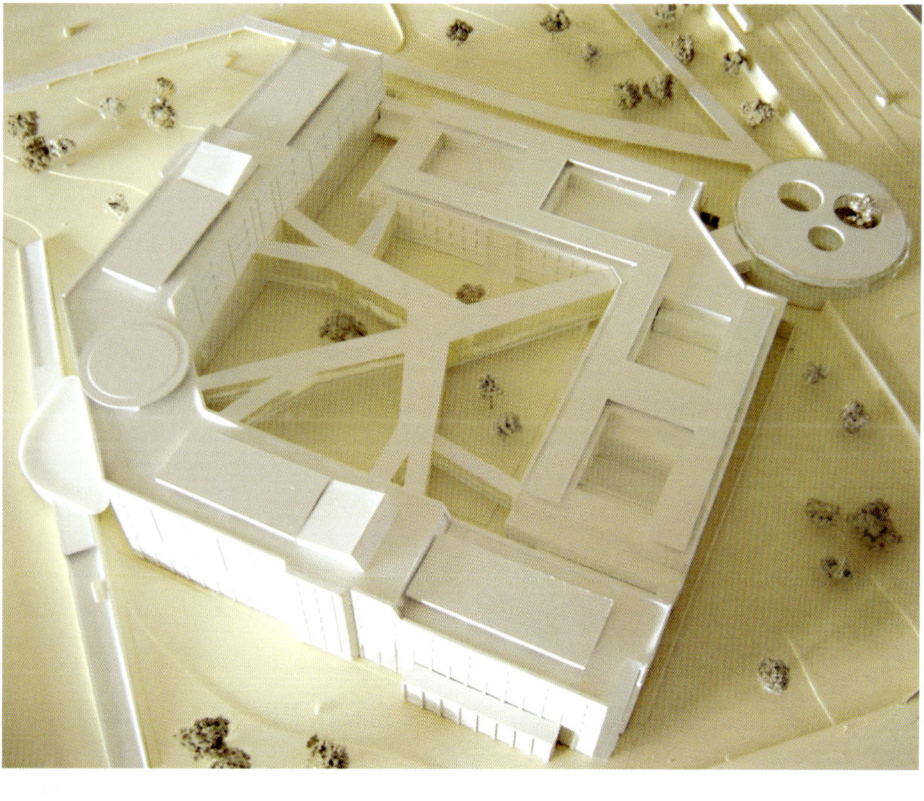

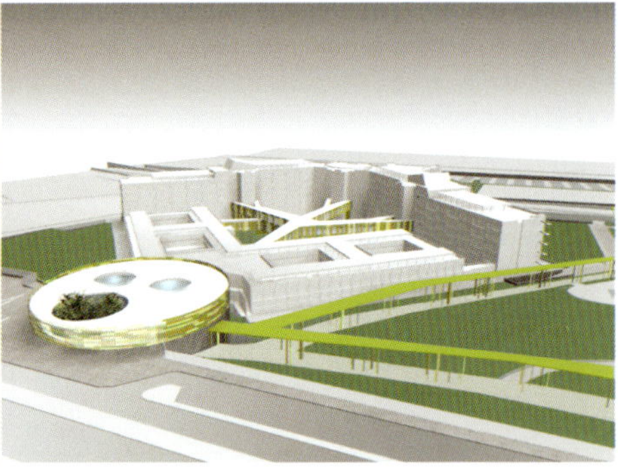

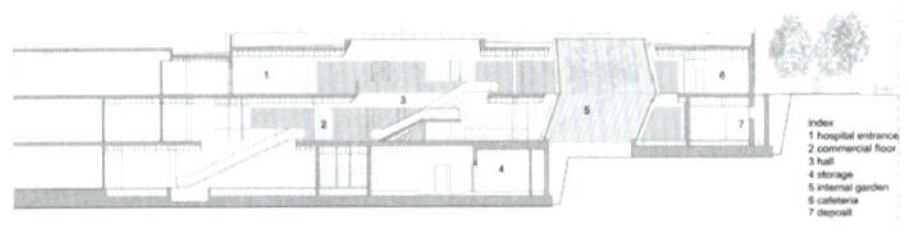

剖面图

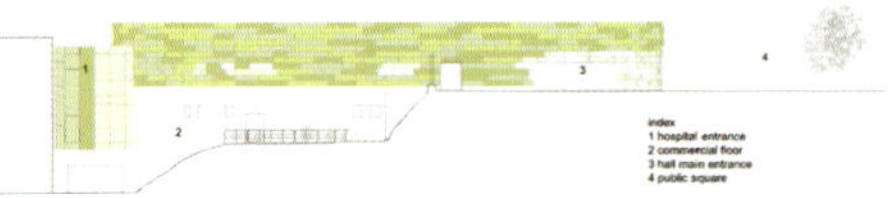

立面图

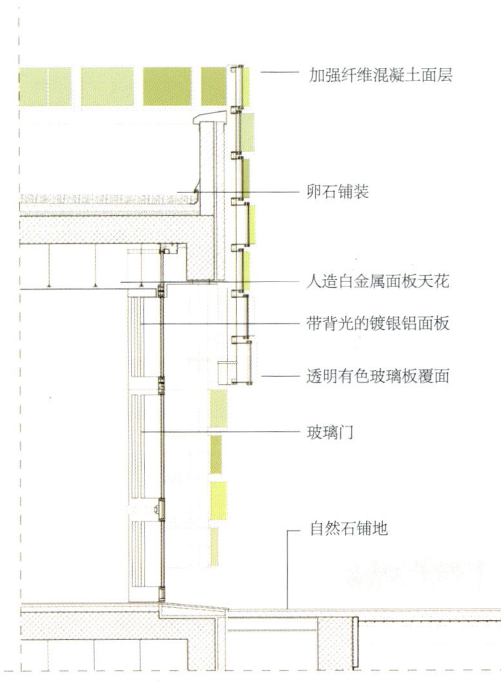

商业楼外墙大样图

EUR Magliana
EUR Magliana
M

Magliana Metro D Station / Roma,Italy

17 马格利安纳D线车站

罗马，意大利

项目的设计有两个目标：提升现有的“B”线站前广场的品质，并重新组织调整车站内外的人流。新车站将和现有的“B”线站连接起来，成为一个欧洲日常的交通分流管理和组织性设施。

欧洲洲际铁路的新“D”线上的马格利安纳站基本上处于地下。项目的设计有两个目标：提升现有的“B”线站前广场的品质，并重新组织调整车站内外的人流。

现有的站前广场是那种与当前欧洲区域建筑品质不相称的沥青地面，特别是它的公园和市场区域。项目计划拓展站前广场的步行区，并重新设计一个新的广场地面，在其中置入一些新的建筑元素、绿化带以及都市家具。

新广场的行人传送通道将把乘客送往地下一层，人们从这里奔向不同的方向。新车站将和现有的“B”线站连接起来，在车站和欧洲洲际铁路之间将建造一个新的地下停车场，这样车站就成为一个日常的欧洲交通分流的管理和组织性设施。

地面行人广场的连串环形坑的形状让人想起水的旋涡，它将为新站的地下层带来自然光和空气。这个像灯具一样的大家伙在新广场和其地下层之间创建了一个视觉和建筑构造的连续互动，这不仅仅是视觉上的，还在车站与其公共空间之间产生了感性关系。表面层的行人活动也会通过它反射到下一层，同样列车的停靠和车站的生活也会朦胧地呈现到上一层，这样，项目中的不同构造元素之间建立了一个真正的感性融合。

基地卫星图

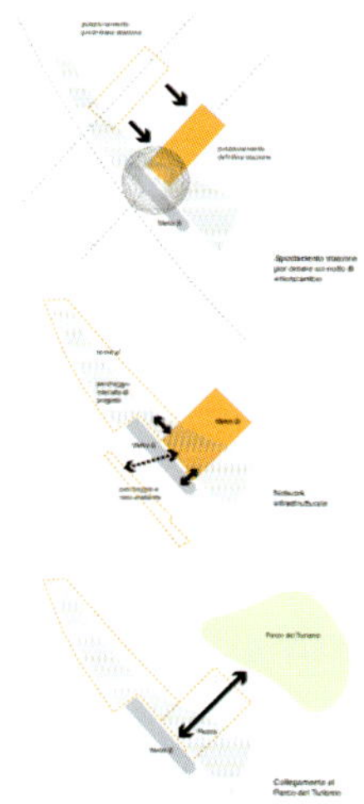

概念分析图

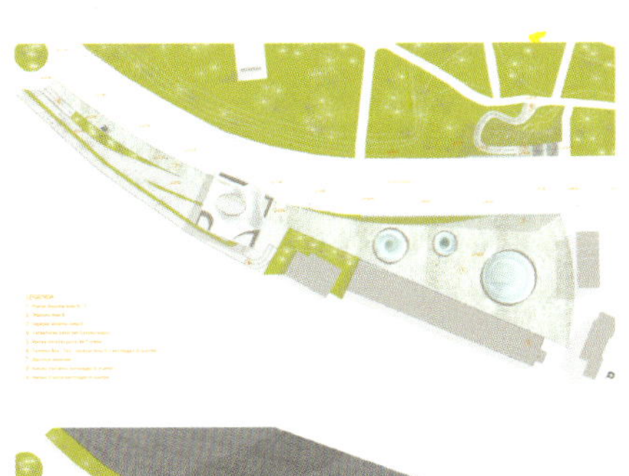

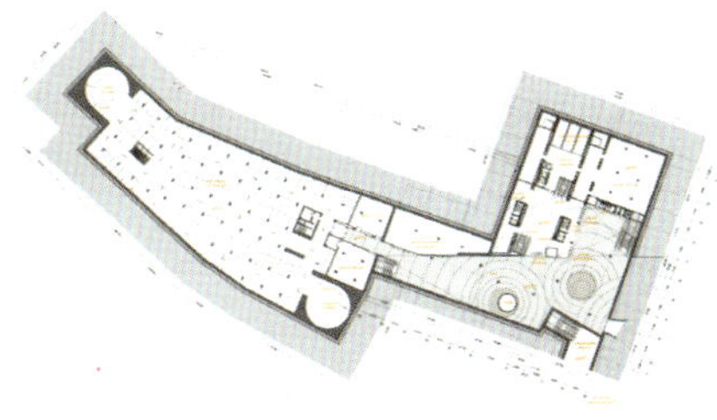

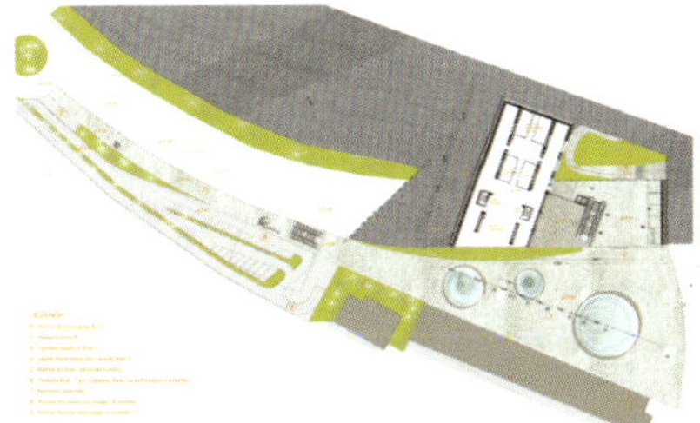

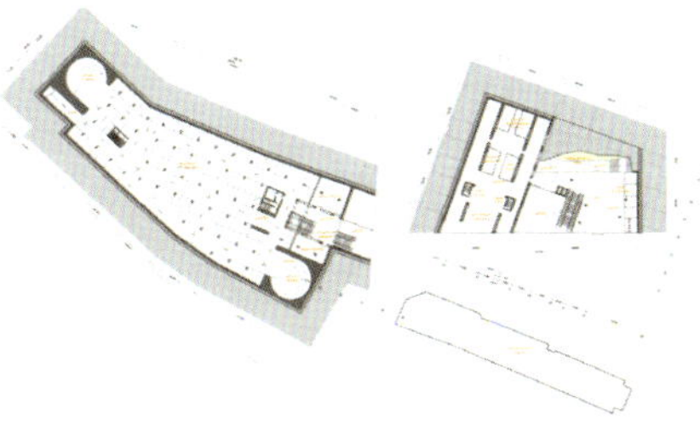

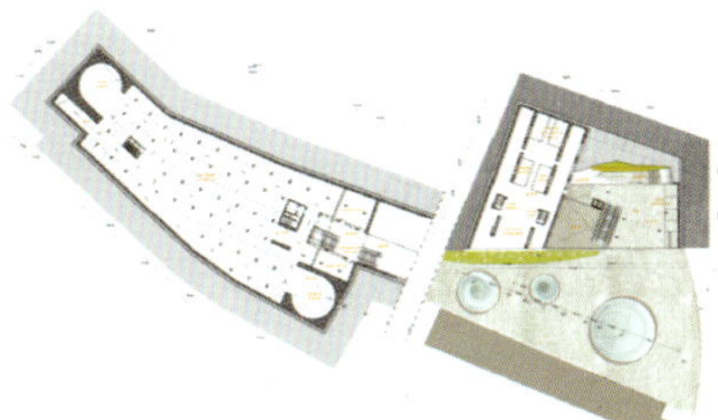

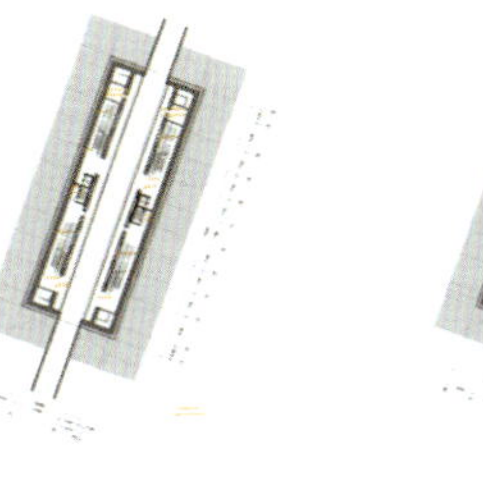

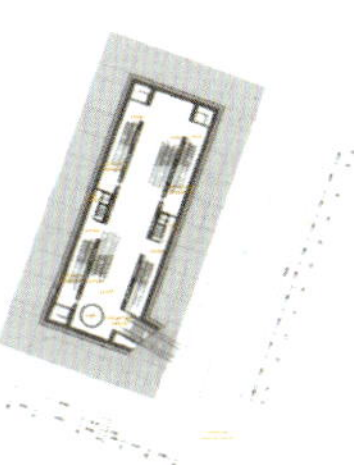

各层平面图

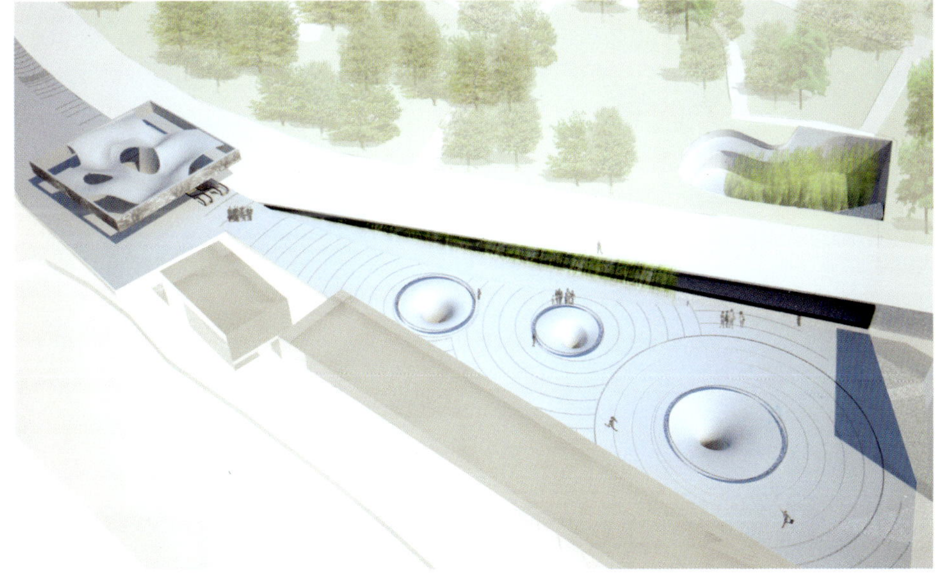

公园连接空间
公园
终点站屋顶
瓦尔街弗洛里塔
公共汽车、出租车
终点站
车站中庭
广场层
地下停车场
下层广场
地下停车场
技术层
人行道层

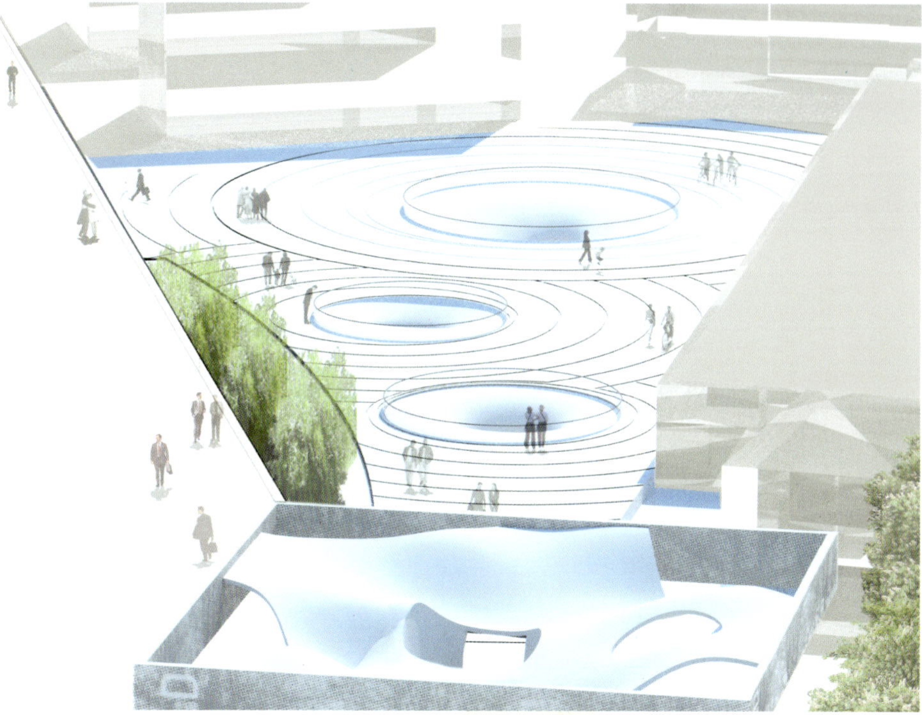

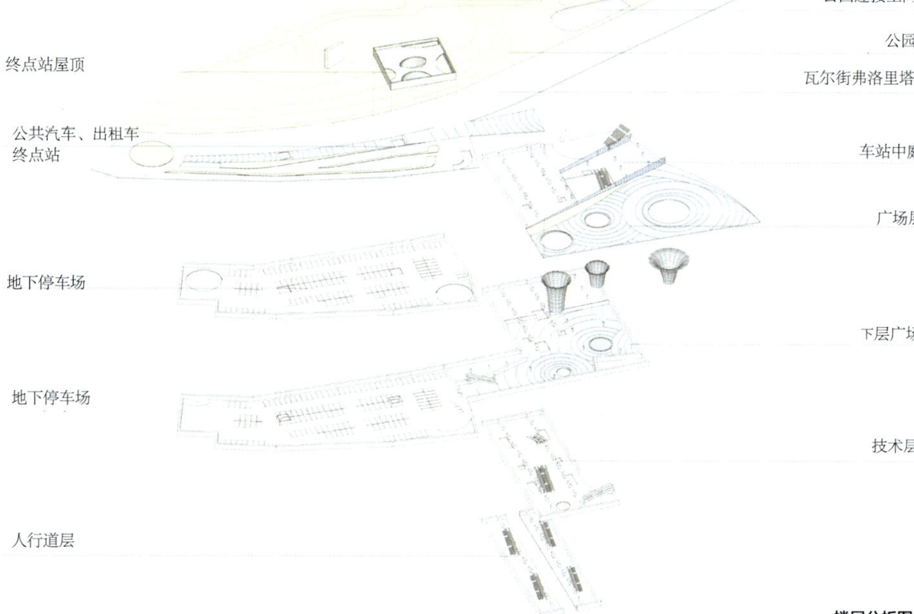

楼层分析图

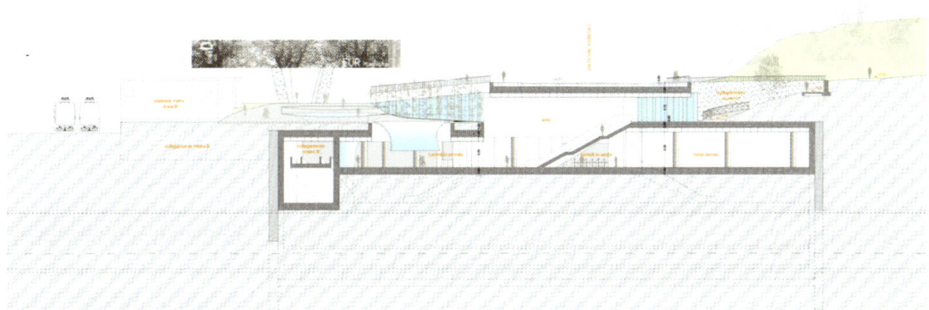

剖透视图

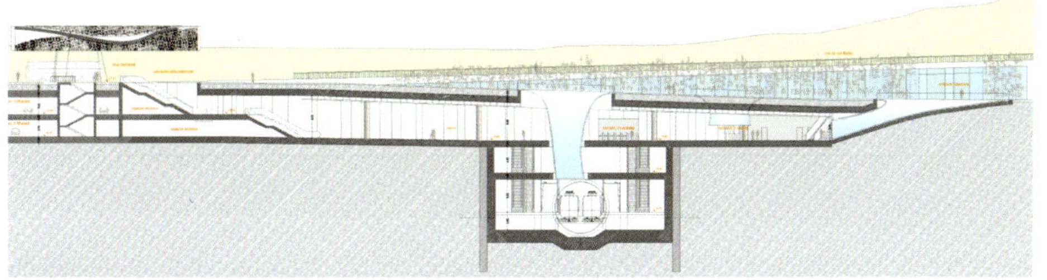

纵剖面图

EUR

Shopping Center Verna / Fano,Italy

18 维尔纳购物中心

法诺市，意大利

维尔纳购物中心由一个地下停车场、一个广场及一幢商业建筑组成。设计师的理念是要在建筑与绿色区域布局之间建立起形态上的连续性，从而形成一个人造与自然景观相重叠的系统。

项目由一个地下停车场、一个广场及一幢将取代原有室内市场的商业建筑组成。建筑师的理念是要在建筑与绿色区域布局之间建立起形态上的连续性，从而形成一个人造与自然景观相重叠的系统：人造景观来自于建筑，其餐厅区和平台俯瞰着自然的儿童公园和休闲区。

建筑的特色是大型开孔屋顶，它保证了光线的进入和树木的生长，建立起了贯穿结构不同层面的实体空间连续性。水泥屋面被当成一处人造景观：一团泥土悬在玻璃商店的城市走廊上方。

建筑构成了广场的城市性边界，同时也被构想成广场两端之间的功能性连接元素。

自然空间界定了居住区的边界，并与通向地下停车场的坡道结合，减少了视觉冲击。

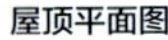

屋顶平面图

一层平面图

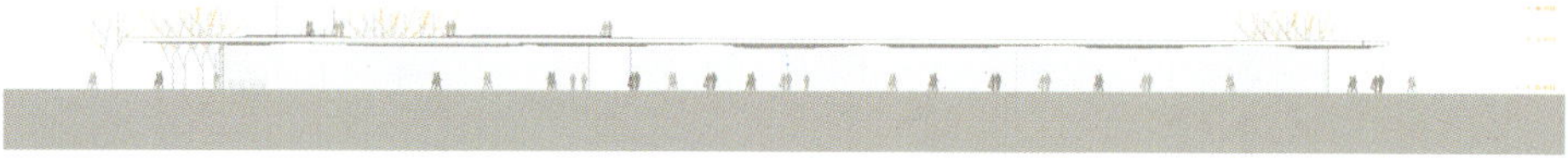

前立面图

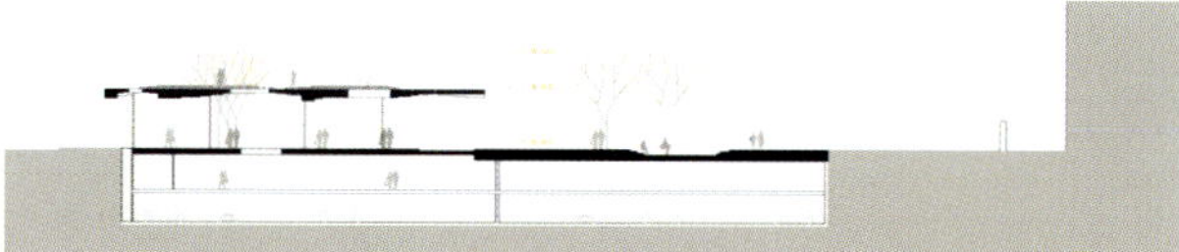

剖面图

Urban Space Falcognana / Roma,Italian

19 凡卡冈拉拉城市空间

罗马，意大利

作为罗马当局的外围发展与更新计划的一部分，结合居民自己的意愿和政府部门的控制性规划，本案试图为郊区建立一个可以重新为整个建成的区块赋予价值的公共空间综合体，在这里可以统筹社交活动。这些功能目标应该由环境系统的升值达到。

本案是罗马当局的外围发展与更新计划的一部分。凡卡冈拉拉是罗马市郊via Ardeatina之畔的一片郊区，于20世纪60年代围绕着农场和农业中心诞生。公众干预所关注的焦点是郊区与其周边乡村之间的边界地带的复原。

该地带位于原有居住环境的边缘处，并在北侧和东侧与一个新建设施区域相连。地段是某种自然的中间地带，可被认为是郊区的一条边界。这样一来，项目的环境既是人文的又是自然的。

由北至南，地段周边的城市区域呈现出无规律的高密度居住环境，以一片高差9米的斜坡以及乡村的自然区域相接。这片斜坡覆盖有植被，部分是耕地。此项目试图为该郊区建立一个公共空间综合体，在这里可以组织居民活动。目前在城市的其他地区，人们已经在这些活动中消磨时光。

此项目的主要目标有:

a. 保留地段强烈的自然特性;

b. 为居民们建立公共空间;

c. 在项目以外，启动一个程序，以保证这项干预的发展与持续。

这样的项目既要考虑到居民们自发举行的活动，还要考虑到目前为止地段的使用，这些功能目标应该由环境系统的升值达到。

环境系统被看成是与整个地段（高密度居住空间与开放空间之间没有任何区别）相关的生态系统。遵循这个前提，空白的和废弃的地区，比如斜坡以及城市区域的边缘，将成为地段生态改造的重要场所。

在与居民协会及居民们进行过积极而热烈的讨论之后，建筑师很清楚他们不需要一个普通城市设计的操作，比如传统的广场。他们最需要的是一个公园广场，以承载对该郊区来说至关重要的多种活动。

于是，设计面临的问题是尽可能地保持景观连续性。这个决定

连接层
connecting levels
间带01
interzone 01

现有居住空间
extending domestic space
生活景观
living landscape
间带02
interzone 02
间带03
interzone 03

总平面图

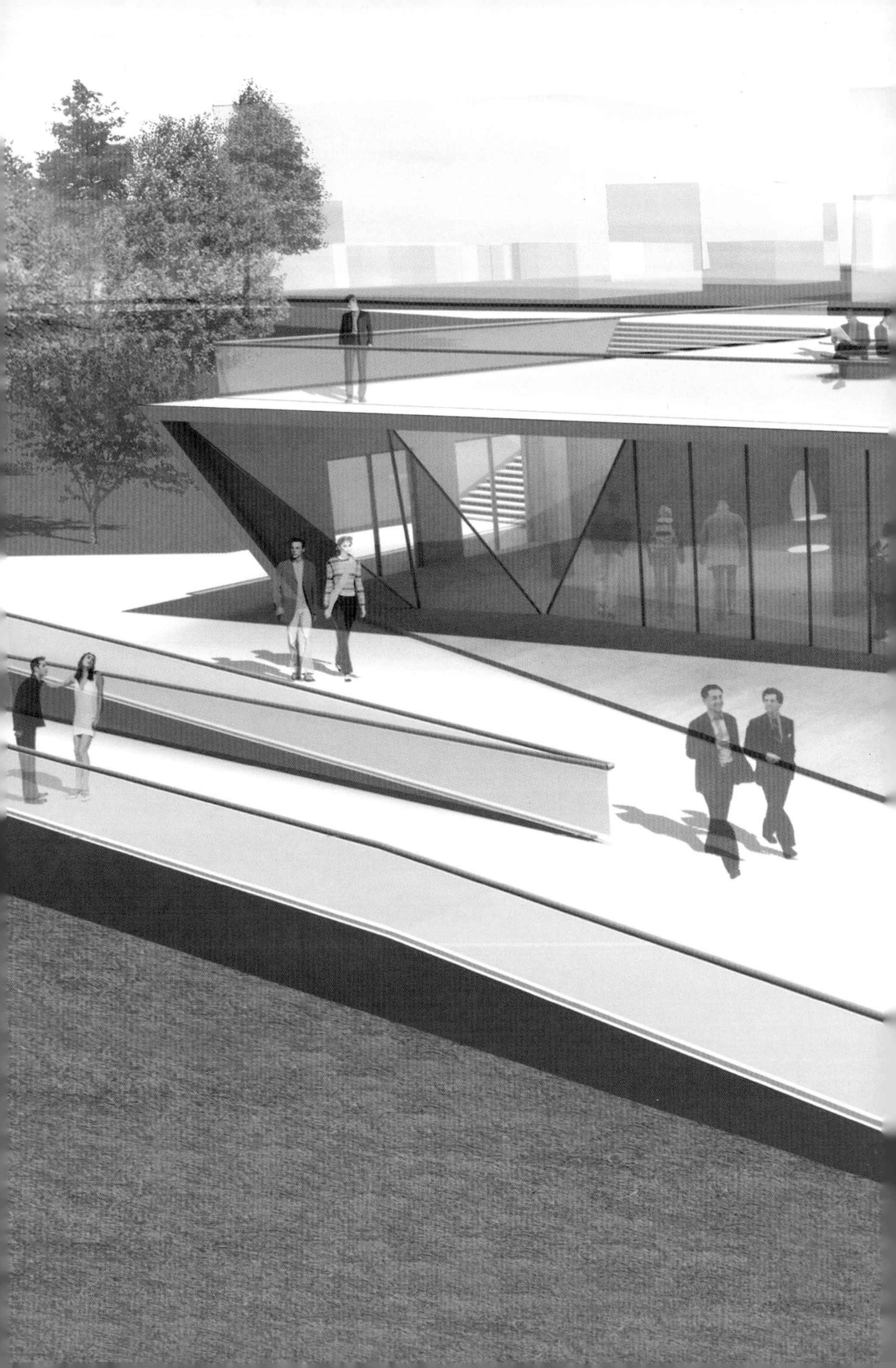

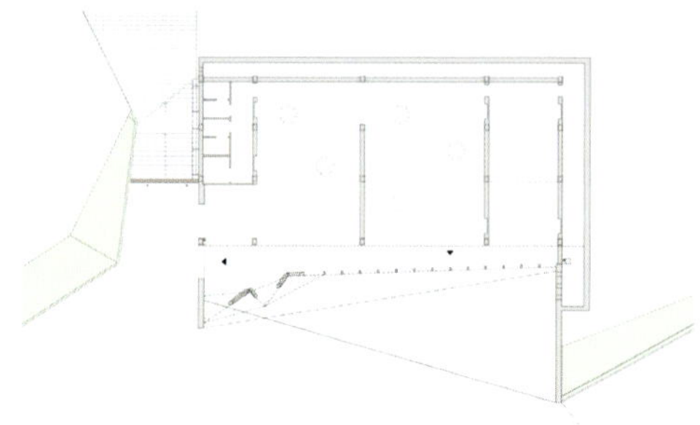

社会中心平面图

老年人中心平面图

与公共行政部门对于城市空间的要求是一致的，他们希望城市空间可以重新赋予整个建成区价值，并统筹社交活动。项目希望在方案区域内部将地段的不同高度联结在一起。

原有的斜坡保证了乡村（标高90.00米）与城市两个特定区域（一个标高99.00米，另一个92.00米）间的交流。

考虑到地段情况，项目在三个层次上组织了公共空间系统，将一部分农业用地用于体育和休闲活动，并建造两幢公共设施建筑：一座为老年人服务，另一座是个多功能厅，二者都建在山丘之中。

表皮的形态存在于一个褶皱空间中。内部与外部之间一个连贯的系统使人们忘记了传统的房屋定义，而转向一幢会走路的建筑，其中楼层的叠加被表皮的连续性所取代。

与景观之间的交流和联络表现为穿过建筑的坡道系统以及主立面的玻璃表皮，它们俯瞰着下面的公园。

山丘中插入的两幢建筑被认为是自然综合体的一部分。其目的在于试图超越均衡的法则，而转向一个可持续发展的受控法则。

这不仅仅是一个连接两个空间或是填补某个空白的问题，而是激发复杂性或思考在不同逻辑层面上交织的问题——使用功能、社会性以及新的空间感知。

建筑应该是通过动态演变的过程而不是通过形状来塑造城市的一种方式。

在建筑内部或周围设置的活动是对这些问题的思考在空间的体现，比如儿童广场以及运动区。不过决定活动选择的是这样一个意图：建立一个与传统广场（该广场在公园边界上与私密区域毗邻）相连接的分层休息区系统。斜坡可以随着时间而改变，因为它与公园以及两幢公共建筑之间具有连贯性。

由于建筑被当作连接系统，自然景观就变成了领域。

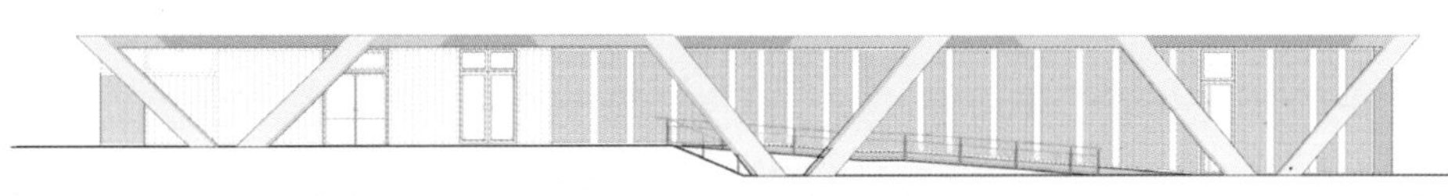

老年人中心前立面图

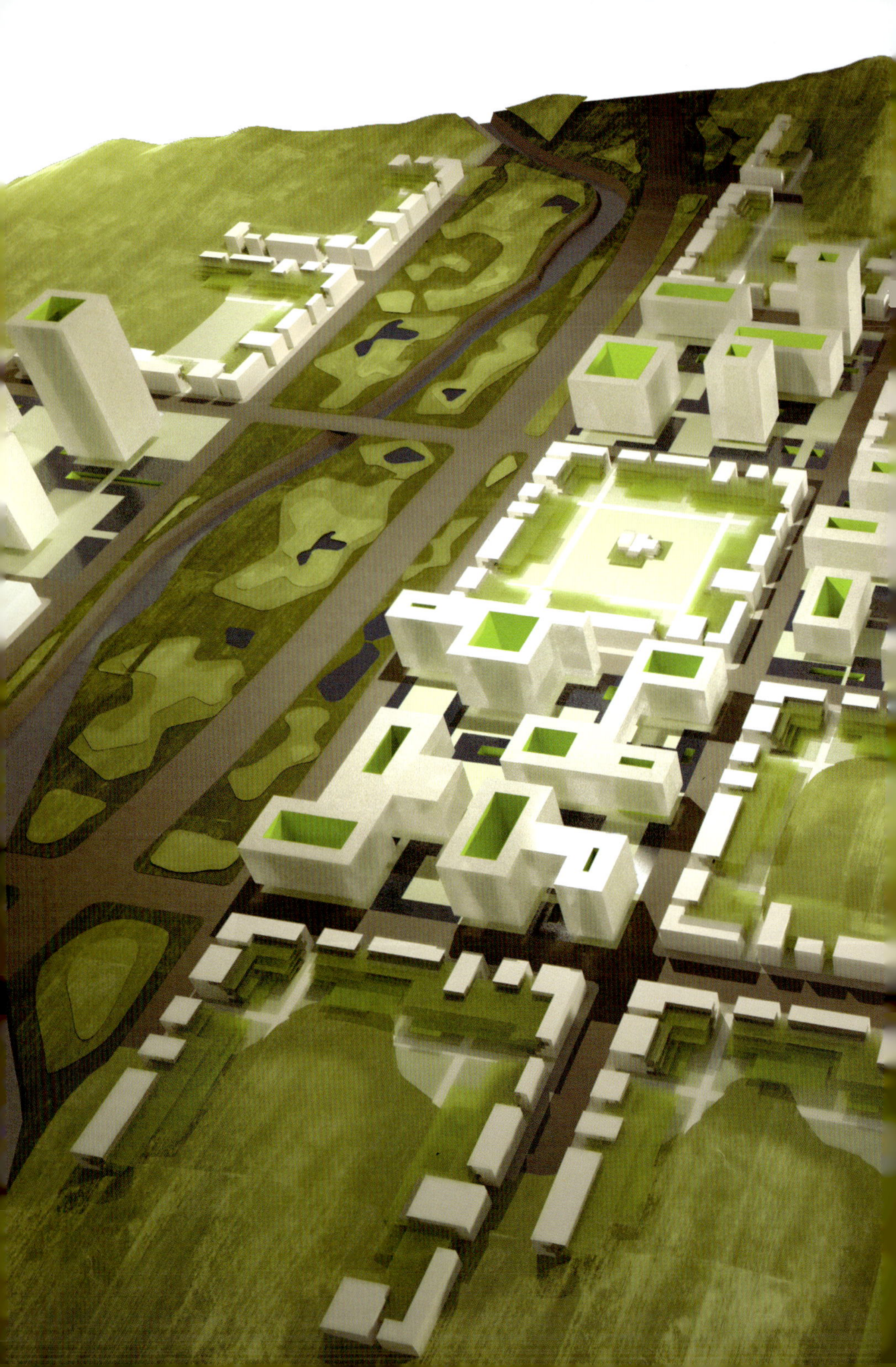

The New Pat City / SeJong City,Korea

20 PAT新城

世宗市，韩国

城市是文化的摇篮，而景观是从文明的角度对一个场所的最纯粹的表达。本案中城市平面围绕一个格网排布，这些单元的周边布置着建筑实体系统，中间是以空地为主的景观部分，使城市发展遵循着由一系列主题景观控制的保持着新城市肌理的生长原则。

当代城市是城市个体居民与社区之间的利益冲突的产物，已很难仅把它想象成一个融合公共与私密需求的系统。不过建设一座新城的基本原则立足于各种冲突之上，其基础是市民社区的理念以及各种非常明显的原则。

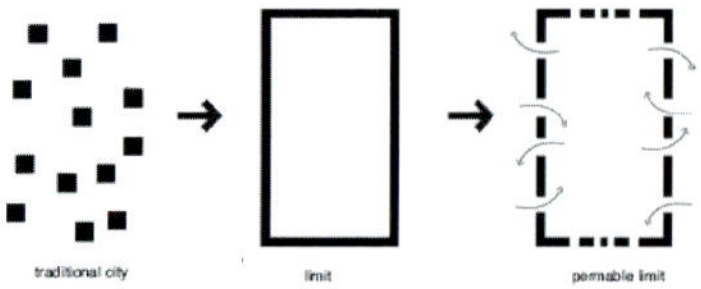

traditional city → limit → permable limit

现代社会也充满了不可预测的互动及持续的变动，或大或小的空间在营造出新的即兴作品并提出原创性的解决方案的同时，也持续地建立新的政治企图。

所以，城市里具有丰富多样的政治性空间。日常城市空间中发生的大部分事情与政治领域的参与毫无关系，而更多地与急于获得公众注意的新型分子政治有关，它有时甚至设法达到更宽泛的社会性和政治性后果。laN+把城市看作是一种文明、一种文化的摇篮，而把景观看作是从我们文明的角度对一个场所的最纯粹的表达。

在本案中，这个立场通过城市与景观的一种极度简洁的形态组织得以表现。这座新城是城市生活以及高度自然两者的良好结合，如此一来，城市化可以说是用以提高人们生活状况的手段。

充满空地的城市

指导项目的设计原则起源于城市主要资源——公共空间和作为景观的空地的积累。

景观表现了构成城市的基本元素——大的开放空间，它是公共空间和私人空间这两种基本城市形态互相妥协的产物。

设计方案建立起一个由边界限定的空地矩阵，它体现了城市的新语法。景观的坡度与每个围合场地的功能项目相关联，限定了空闲空间的多少。

城市平面围绕一个空白单元的格网排布，这些单元的周边布置着建筑实体系统。每个单元都是景观的一部分，即使在城市自身扩张的情况下也会保持其空闲空间的空地性质。与其开放空间的几何形态相比，格网相对弱势。这样的布局导致了一个由景观推动的城市。系统允许城市遵循着由一系列主题景观控制

高密度

低密度

分析图

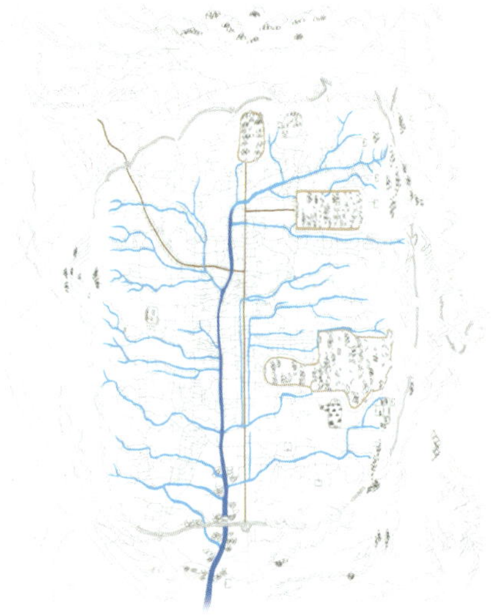

总平面图

的保持着新城市肌理的生长原则。

结构会根据居民的实际需求而进化，居民们将习惯于在不同主题的空间序列中运动穿行。这些主题景观将成为一个主要空间，其特色也将由与其内部的建筑相关的具体功能所限定。这样，城市的扩张和生长没有精确的中心，每个空地都是一个多中心网格上的节点。

城市的形态由多种开放空间的积累得来，这些开放空间将是功能性场所、象征性场所或是简单的自然场所。建筑体块将围绕每个单元的边缘布置。

城市由三种空地景观构成：

——象征—标志性景观，表示所有的公共管理领域，这些是人工化景观，如广场、水池以及典型城市空间。

——功能性景观，具有为城市服务的公共性质，显示出所有混合功能街区的内核的特色；在家庭价值以外，它还被赋予了一种伴随其内部公共服务而变化的公共价值；它包含了文化、教育、公共以及社区的设施。

——自然景观，环绕穿插于整个城市之中，它融入城市公园，并被包容于城市格网之中。

穿过城镇的城市公园及其周围的自然景观是一个休闲公园，一个提供了可持续能源的生态自然体，水与可达的绿地为城市居民使用。设计方案与城市化效应相结合，提供了具有可持续能源供给的、供城市享用的绿色环境。

当前的城市以块状空间为特色，对象被压缩并具有图底功能关系；开放空间本身也变成体块，它的边缘与限定建立起一个不可超越的边界，正是过度的体量导致了城市不可避免的衰退。

开放空间，作为公共空间的空地超越这些限定，可以承受其边界的拆毁与破坏；当城市实体、历史与创新穿越它时，它又将延伸得更远；其独特的个性有时先于其自身的重建而预先存在。

格网

城市肌理由一个被过度强加的在不同尺度上起作用的格网系统构成。格网的尺度伴随不同的城市维度而改变。格网被用做手段，而且它不仅仅被认作是单纯的制度手段，更是无限变量（从建筑尺度逐渐过渡到场地尺度并融入其中）的综合交织；项目的原则是融合这些不同尺度，并证明在建筑自身的潜力与可能性限度内表达城市是可能的。

边界

边界限制了街道与景观之间的流动，这是一个通道，不过同时也是一个组成城市肌理的开放空间与微空间之间的连接系统。

城市以“可转移性”为特色，可转移性允许城市保持一个不断变化的形态；在城市中穿行意味着在其开放空间中穿行；开放空间实际上是一片可以完全自由闲逛的领域，持续地改造着我们周围的城市空间。选择开放空间作为城市的主题有助于定义一种具有这些可能性的生活方式：远离机动交通的城市和破碎的居住空间。方案主要的理念是让人居住在一个拥有传统结构的城市里，但是它允许有不同生活方式，在这里“无计划”拥有了价值。海德格尔定义的边界，并不是事物终止的地方，而是事物开始的分隔点；正是出于这个原因，方案的概念叫做“orusmos”，即边界。

要使边界成为一个厚度而不是一条薄边，成为一个领域，在其内可以研究城市街道景致以及开放景观空间等不同环境相遇时产生的多样化的机会。

在方案中居住的边界描绘出开放空间的轮廓以及城市街道的立面，这道边缘同时是城市肌理与保留景观的界限。这个不连续的边界，以及建筑中伴随类型与高度变化的孔隙，使这个居住边界系统变得极为灵活。

正是这条居住边界定义出两种城市概念：一种是城市化的，以快速交通为表达方式和特色；另一种是更家庭化、乡村化的描述，可以用一种更轻松的方式来体验。在这个城市里居住意味着穿越这道边界。 生活是城市最终的本质，或者说就是其真正内涵所在。

街区与街道配置

PAT新城开发是将一个220米×220米的格网与已有地段相重叠的产物。作为在原有景观之上的一块新画布，该系统根据地形自我调节，溶解于其中；地段中的突起穿过画布并打破格网。这样，原有环境的痕迹在新城市中保留下来，成为未来开发的初始基因，并与自然地形完全和谐。在边缘处，格网系统向自然中伸展并溶解，成为其完整的一部分；在一侧，道路延伸进湖里形成码头，将作休闲度假之用；在另一侧，道路消失在山丘里，为徒步、休闲以及放松营造了装备齐全的区域。

可移动性

城市被解读为以不同的速度和角度运动着的相互缠绕的时空关系。整个城市穿插有自行车道和小巷，城市的不同区域由步行道路连接起来。这样，区域主要根据行人与骑自行车的人的需求来设计，于是这些空地成为禁止汽车进入的区域。

格网定义了一个组织良好、不同等级的交通网络，穿过城市。大的城市格网利用主要正交系统的优势，使车流达到最大化。

五条主要道路从原有的入口点进入城市，并将城市与MAC中的另一个功能性城市相联结。四条主要道路一旦“踏入”格网，就遵循框架系统，成为其中一部分。主要环形高速以一种更自然的方式在城市公园中蜿蜒穿过，与自然的河流交织，建立起一条环境友好的路径。

格网还定义了一个次干道网络，为更多的地方区域服务。子格网覆盖不同尺度的流线，提高行人与骑自行车的人的便捷性，营造人性尺度的城市。

方案在主要街道格网上强加了一层波浪形自行车路径，可以作为捷径沿人行道走向专用道路；或者可以在内院和不同景观中蜿蜒前进，这是风景较好的路线。格网进一步分割为55米的子系统，一路穿过街区，保证便捷的行人运动。当这个系统与主要道路相交时，交通控制设施，比如抬高的人行道与人行横道，被用以保证城市中更流畅更安全的行人流线。

在公园里的环形道路边还有两个快速汽车站，这与公共指挥岛及中转枢纽极其相似，地方交通系统在这里开始与城市其余部分相连。

停车

大部分短期公共停车将沿着交通轴被放置在街道地段上，紧邻市区核心内的中央公共功能区。私家停车，无论是属于住宅街区还是管理街区，基本上被置于地下。

土地利用

项目的既定内容分布在限定了空地的“居住边界”之中，获得充满生命活力的城市空间，促进了混合功能的开发，将公共行政建筑与其他城市功能连接起来并避免了单功能区域。商业和金融区域贯穿全市范围，散布在居住和行政区块之中。居住边界在城市中心地段变得更高（体量从3楼到6楼不等），环绕着行政岛形区，在边缘处与自然景观融合在一起，围合边界逐渐向下倾斜，直到与地形（3层到1层）混合在一起。

市区核心

220米×220米限定了空地的大小，围合边界形成了类型上的多样性，即高度与长度的多样性。在临街一侧，居住边界拥有一个紧凑的双层立面，在一层形成一个商业条带。在内侧，以水平绿色表皮为特色，建立起一种向大型空地开敞的家庭式空间。这是一个半公共的空间，一个用于交流与联系的空间。在空地的核心处将安排所有组成城市服务的活动与项目。这些建构性的体块定义了空地本身的性格，因为它们赋予其主题。

政府岛形区

政府建筑将与自然环境紧密联系，形成一处新的巨大团块。这些建筑将为城市提供重要的视觉地标，与周围的空地和体量之间紧紧相连，具有标志性。

公共行政建筑根据功能区块中的商业联系，分为四个“政府岛形区域”，意在使各机构的效率最高化，并提高它们与周围城市之间的融合。

这些“岛屿”形成人工的景观，建筑在这里占据了所有可建设的区域；空地缩减以定义高密度区域，一个没有精确界限、与自然元素相重叠的广场系统。居住边界被打断，以使人流穿越它，促进各机构友好开放的个性。

政府建筑抛弃了限定建筑中垂直景观的中央景观系统。温室核心塑造了政府建筑的性格，为这座新建筑的行政角色提供了一个标志性和象征性的图景。

生态计划与开放空间

这个城市新模型的建立强烈地依赖于与其基本元素的关联系统：边界—空地空间—体块。这些元素将由城市的自然环境刻画，它们是城市最终的自然屏障。山脉—河流—湖泊与项目相结合，接触到融入自然的模糊化的城市系统。得到保护的自然屏障环绕着原有的需要保护与保持的景观区域。区域西部，自然环境进入格网，变成一个城市公园、一个得以保持且设施齐全的“驯服”的景观的一部分，形成蜿蜒河流与快速道路的框架。

密度类型分析

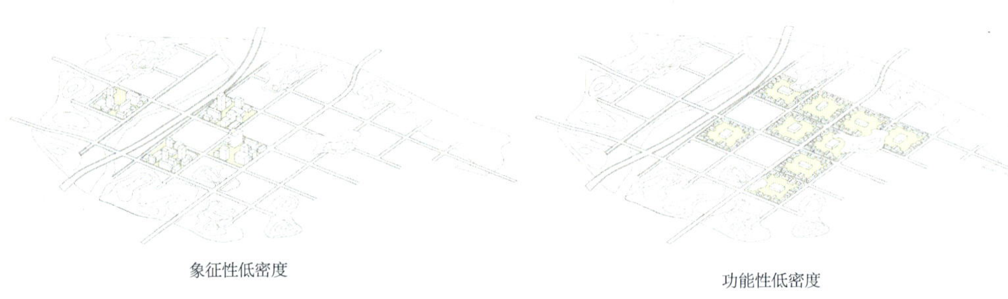

象征性低密度　　　　功能性低密度

自然低密度

生态概念分析图

分析图

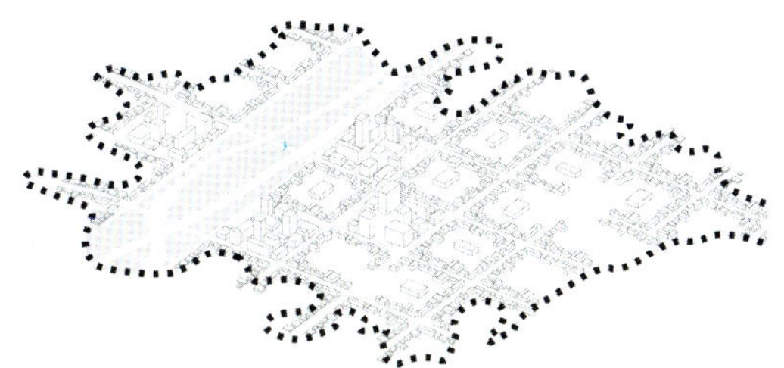

城市侵蚀用地边界

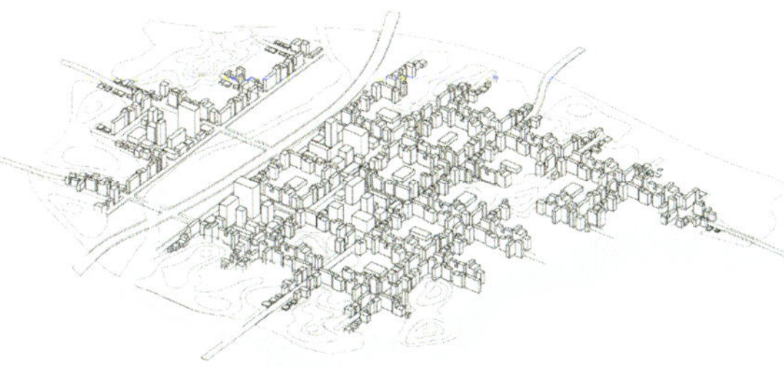

密度增长不会影响空地率

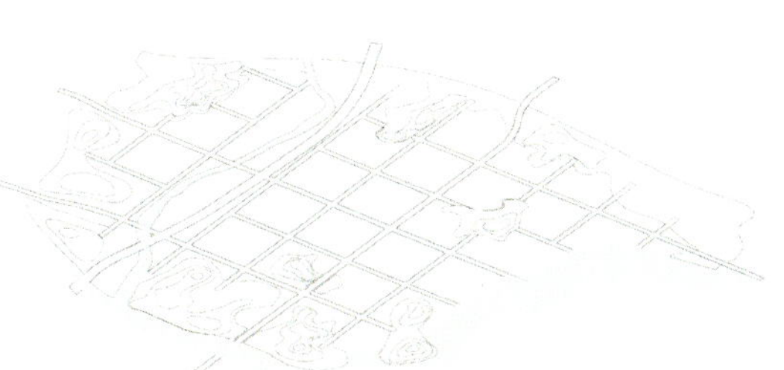

网格消解于景观之中

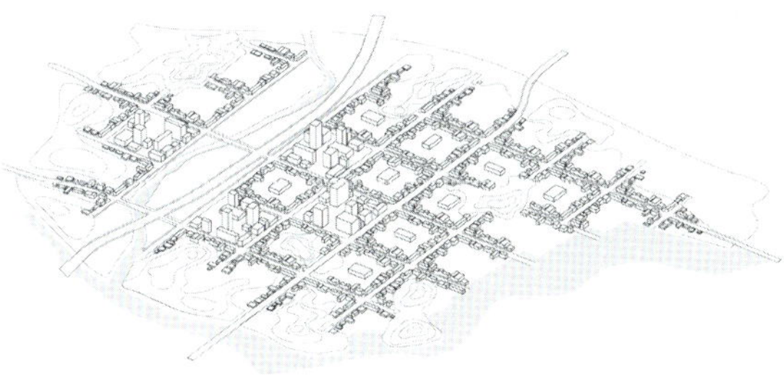

PAT新城结构

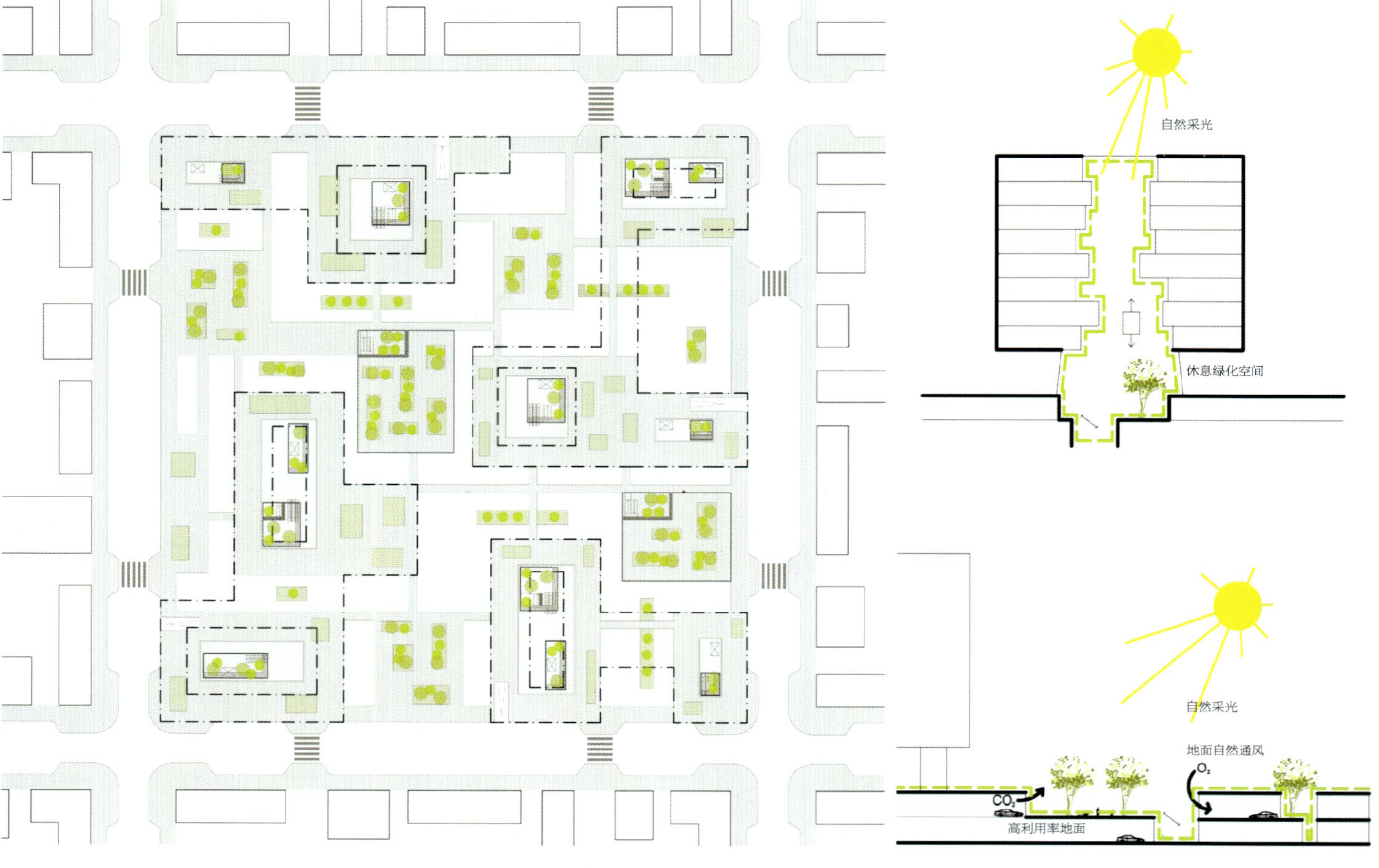

政府大楼总平面图

设计概念剖面分析

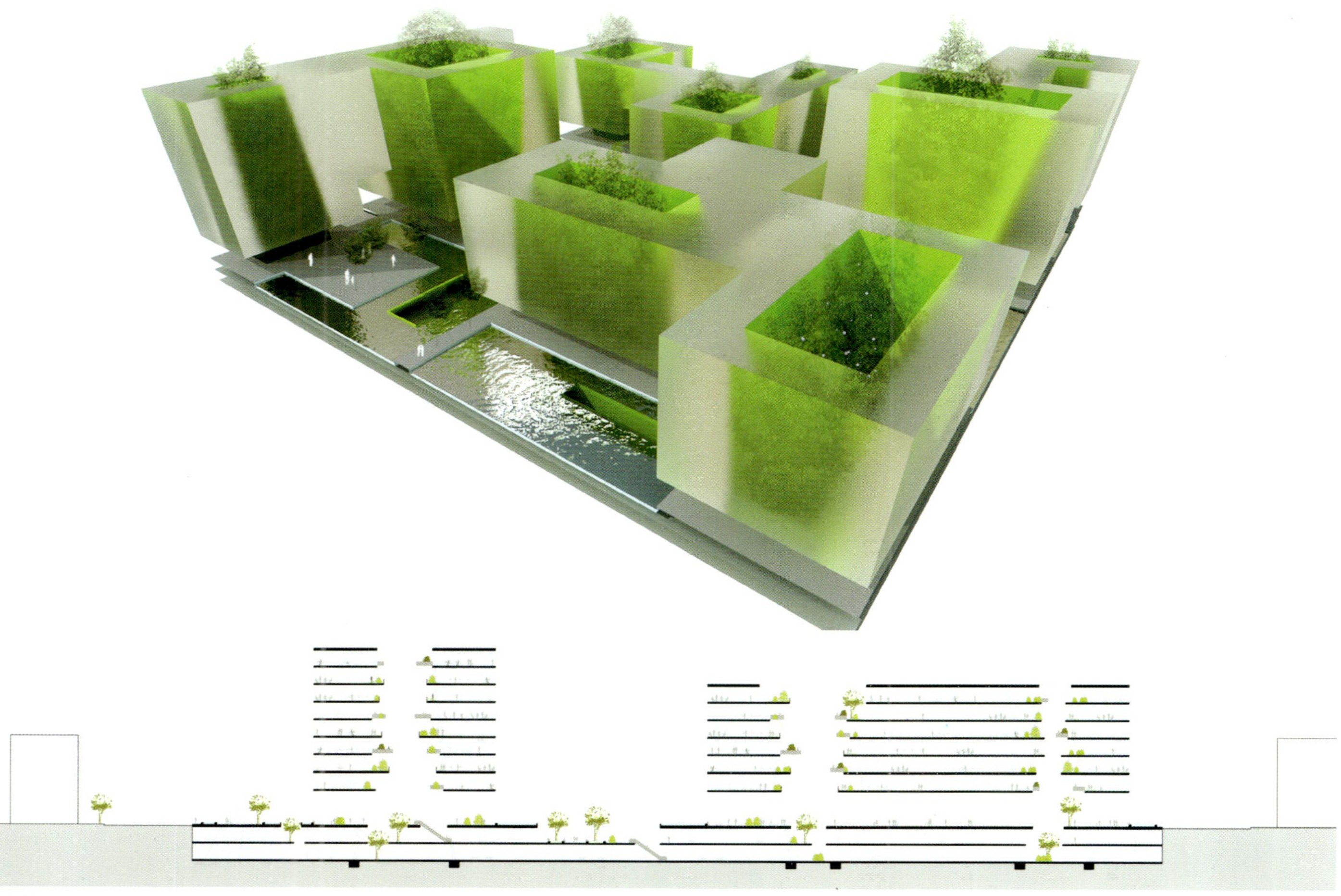

政府大楼组团剖面图

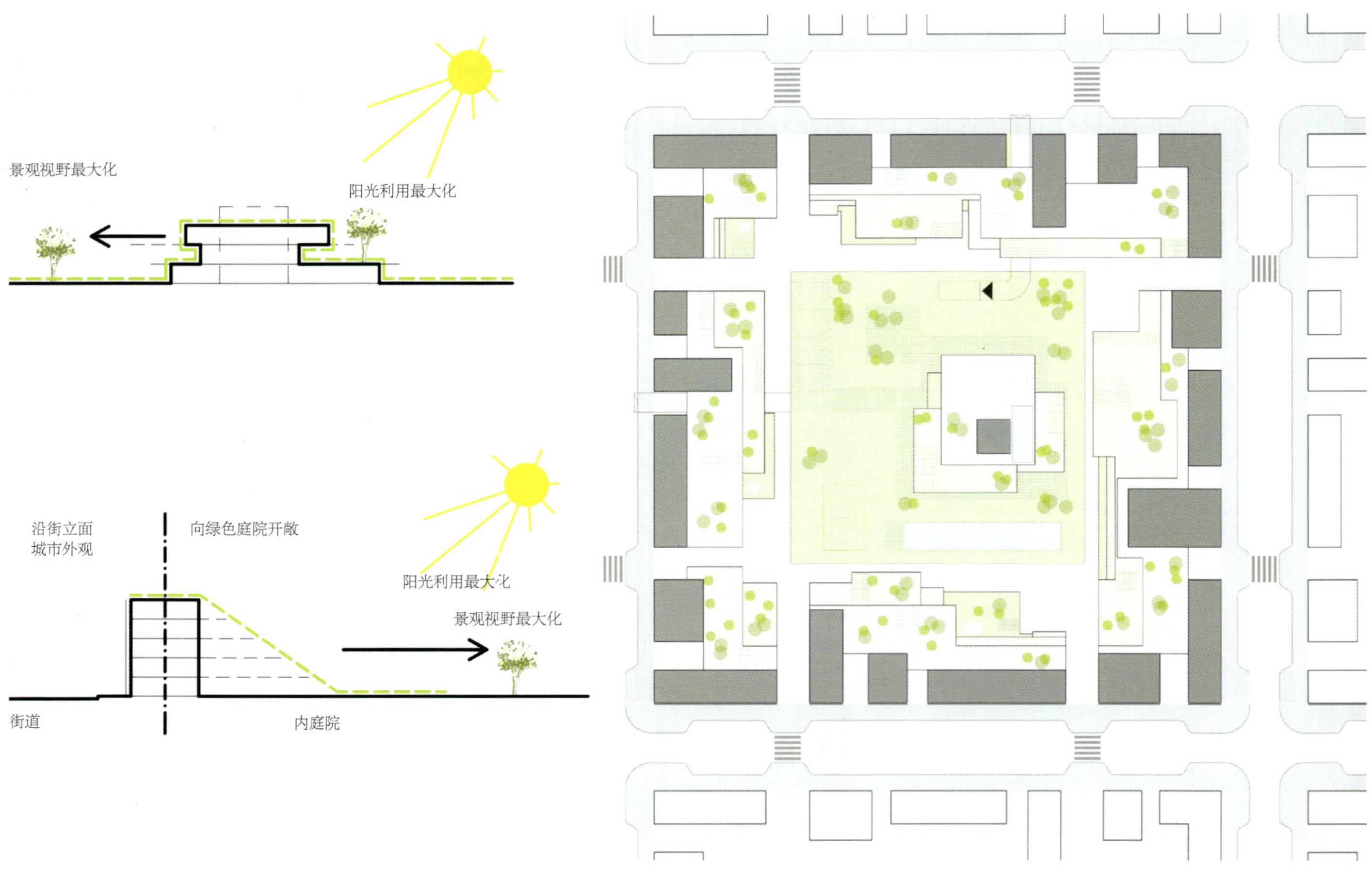

设计概念剖面分析

居住组团与中学总平面图

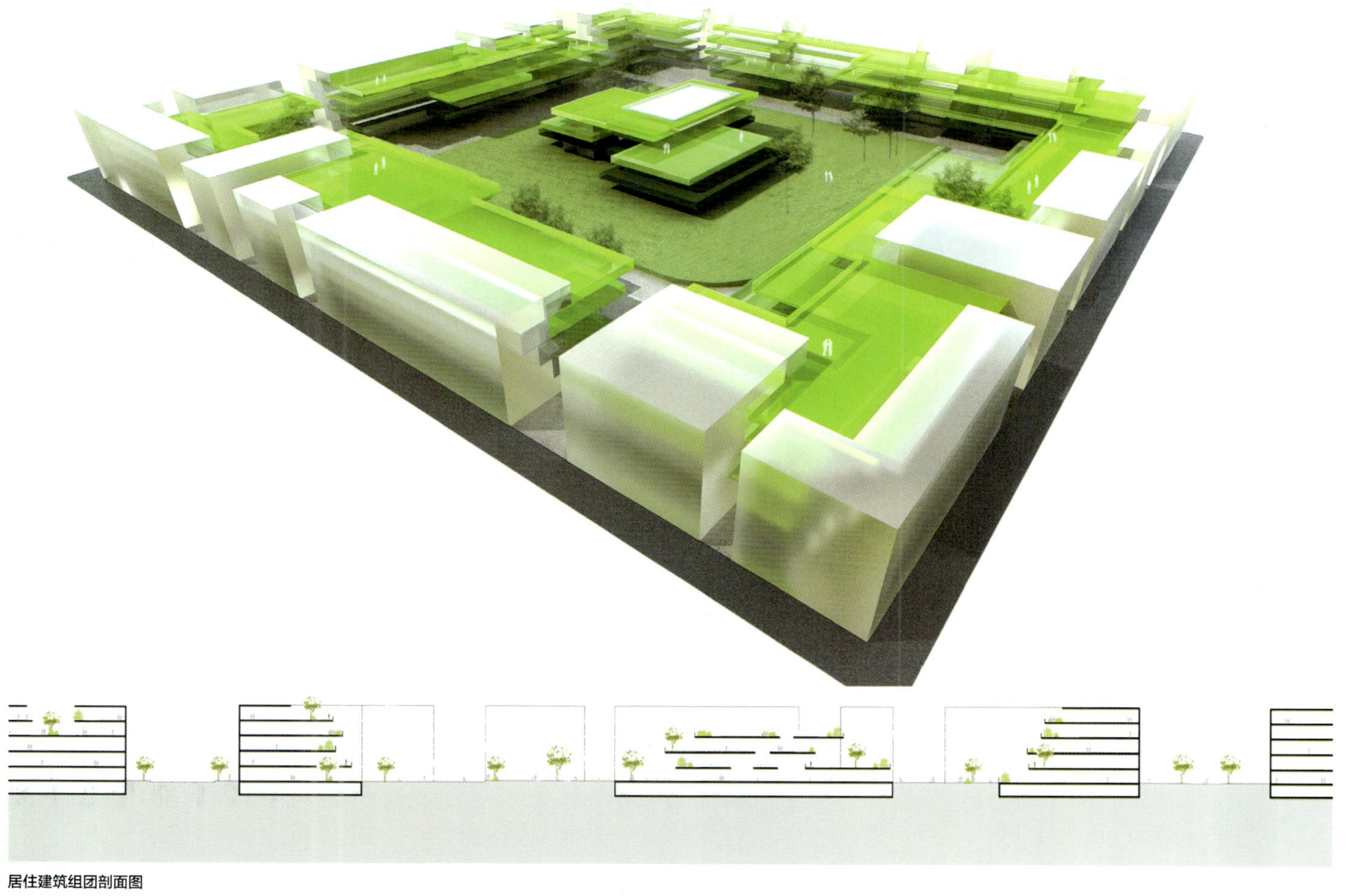

居住建筑组团剖面图

Parking Building Nuovo Salario / Roma,Italy

21 NUOVO SALARIO 停车场建筑

罗马，意大利

这个车站附近的停车场给紧凑的城市肌理中有些孤立的自然景观重新赋予了价值。该建筑在自然与人工两个不同环境之间形成界面，引发了周边行为区域之间的多种关系。

在两个自然斜坡、地区性铁路以及居住区之间的绿色区域里，在车站附近设计一个停车场的机会让建筑师可以为在紧凑的城市肌理中有些孤立的自然景观重新赋予价值。除去铁路和居住区，此地段看上去是一个封闭区域内唯一的绿色空间。

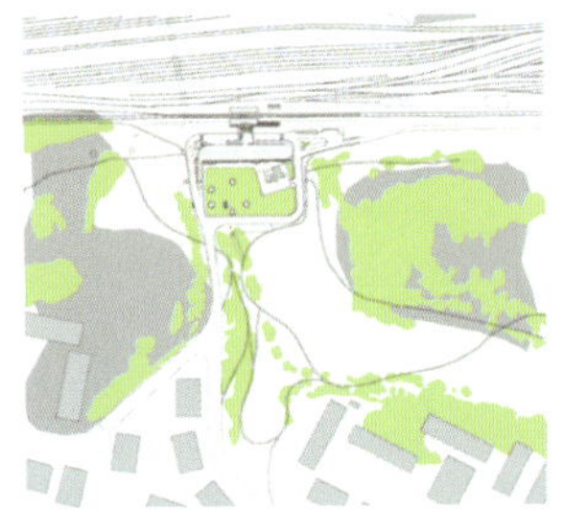

方案满足了竞赛任务书对一个停车空间的功能要求，不过与此同时，它也把停车场建筑作为工具，以在该区域内激发一个辖域化过程。它为环境带来新的价值，强调其作为一个具有精致可变的活动、景观特征、美学品质以及社会经济学和文化复杂性的场所的品质。该建筑成为一个基础设施，控制着铁路、停车区域、绿色公园以及居民区之间的人流交换，并把绿色区域从机动车交通中隔离出来。由于它被设想为铁路站点的扩展，因此必须遵循其红线限制。在东侧，停车场建筑作为街道的界定者，拦截下城市的主要人流，保证各种功能变化，比如汽车、火车及人流间的速度转变。

停车场建筑在自然与人工两个不同环境之间形成一个界面，通过可通过性与运动使相互交换成为可能。可通过性是覆盖建筑两面的结构立面的最主要特征。这是一个三维的立面，由六边形的空心体块构成不同尺度。立面上的空白成为不同空间之间的联结系统。屋顶是车站的主要站台的陪衬——一个俯瞰公园的平台。建筑引发了周边地区的行为区域之间的多种关系。

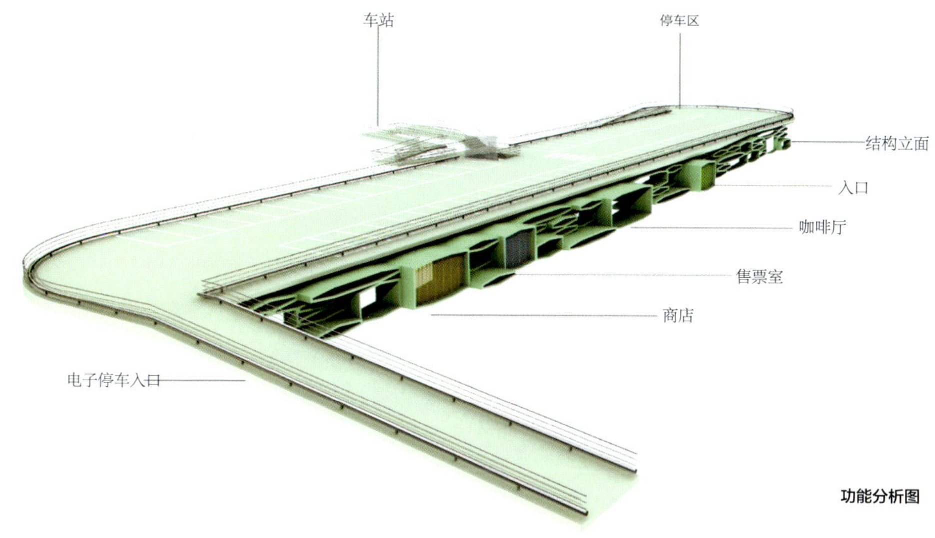

功能分析图

基地现状

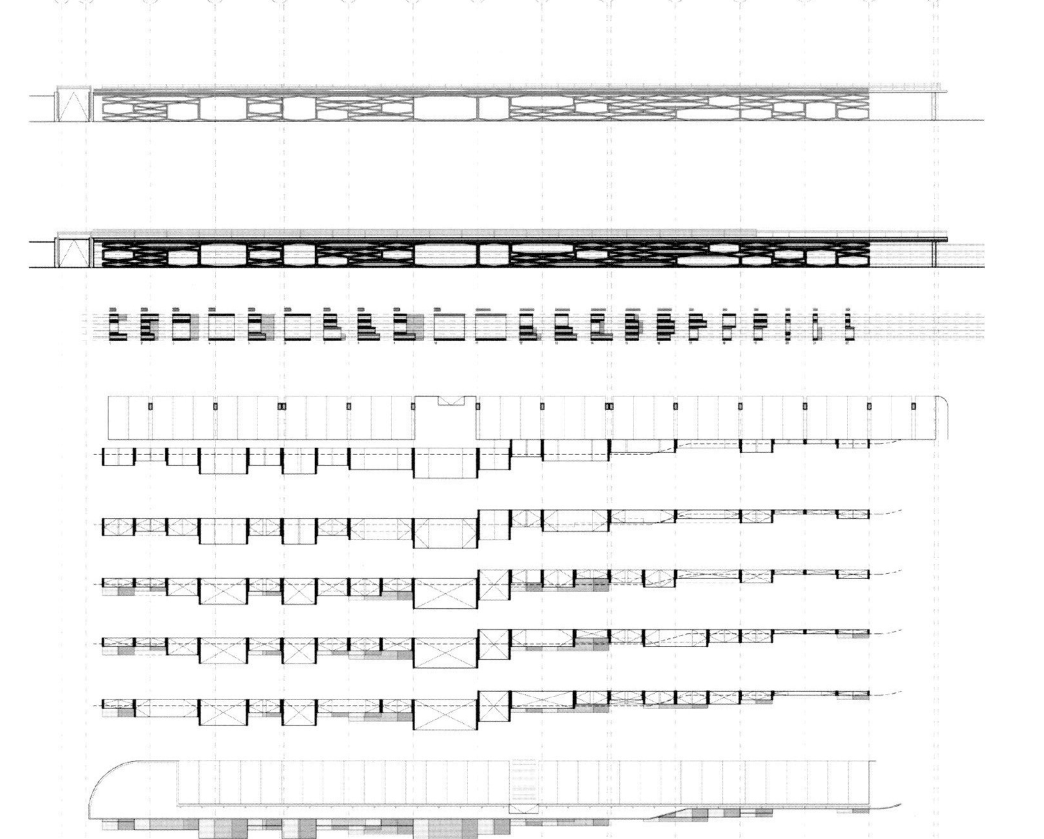

A
B
C
D
E
F
G
H
I
J
K
L
M
N
O

屋顶平面图

一层平面图

地下停车场平面图

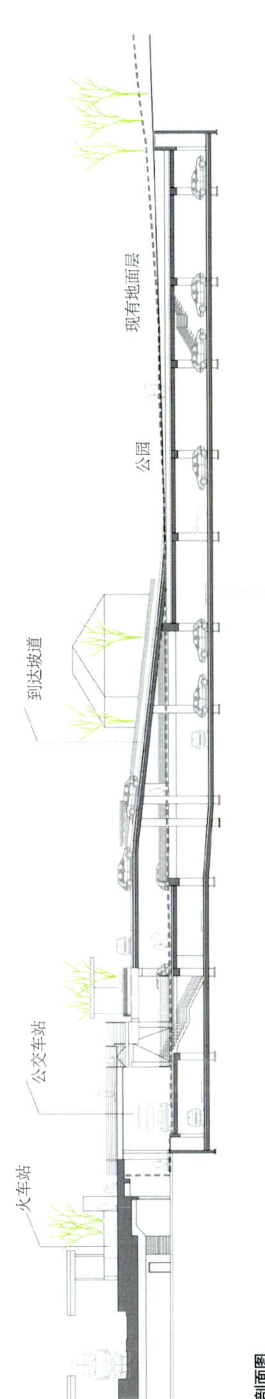

剖面图

APCOA

Bari Palese Parking Offices / Bari,Italian

22 巴里机场停车场

巴里，意大利

巴里机场停车场方案意在对现有的迎宾区和员工办公区域进行功能重组并显出建构性的特色。通过材质的合理运用、服务设施的配备及绿化点缀，为使用者提供一个有亲和力的舒适的功能空间。

巴里机场停车场方案意在对现有的迎宾区和员工办公区域进行功能重组并显出建构性的特色。办公区域被重新组织，以便优化管理。项目拥有一个迎接客户的礼仪室，使客户在这里不仅可以看到停车场、指南和自动收银机，还可体验到一个温暖舒适的“起居室”，并通过嵌在一个微型打孔钢板上的屏幕通知乘客航班的起飞与到达信息。办公室区域被全部覆以木板这种温暖而具有亲和力的材质，有助于为礼仪区域塑造一种友好的性格。所有的材料，尤其是玻璃与金属的使用，都是为了在空间中渗透一种光感与透明感，以此避免通常与停车场联系在一起的那种黑暗阴沉的感觉。停车场周围的绿色植物延伸至建筑内，成为公共空间的特色元素：两扇玻璃翼片之间的绿色植被分隔带将办公区域与停车区域分离开来。植物被容纳在抬高屋顶中的混凝土花盆里面。在玻璃翼片之间的吊顶中安装了荧光灯，以保证植物像在日光中一样生长。

2
3
14

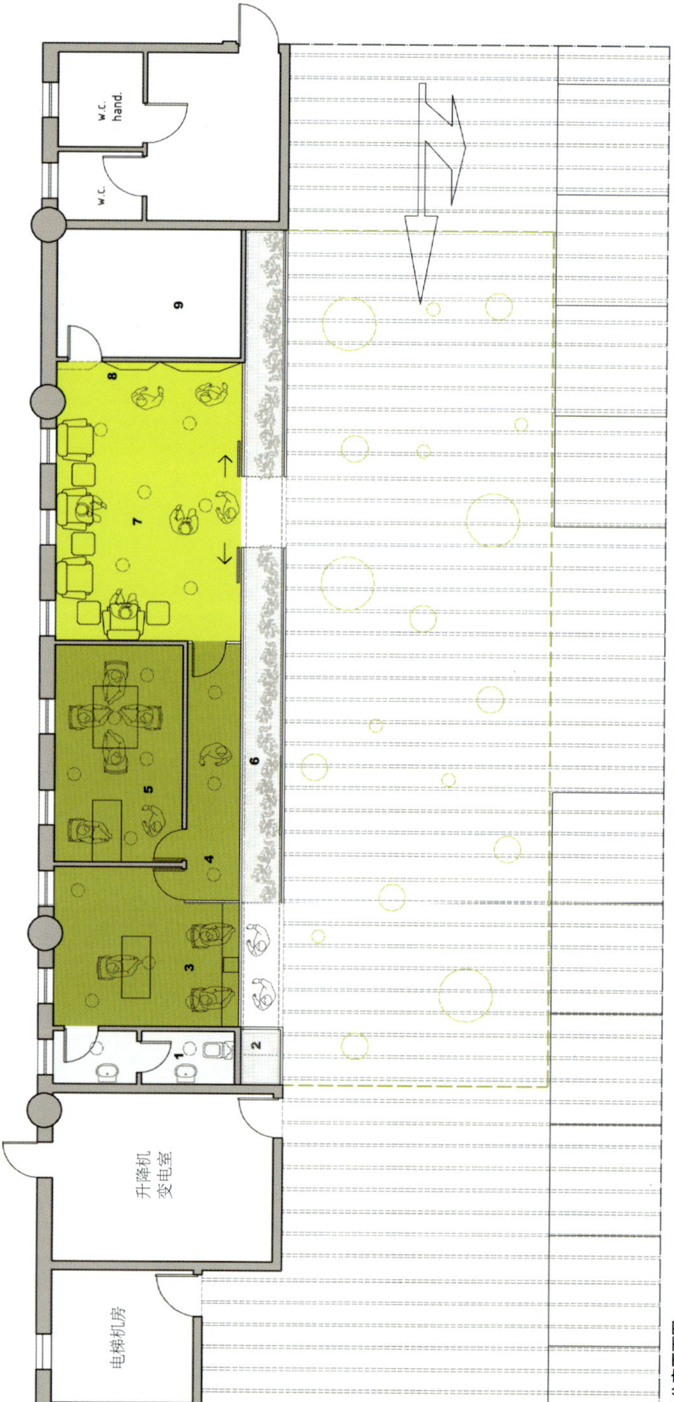
w.c.
hand.
w.c.
9
8
7
6
5
4
3
2
1
升降机
变电室
电梯机房

办公室平面图

COURTESY ROOM
CASSE

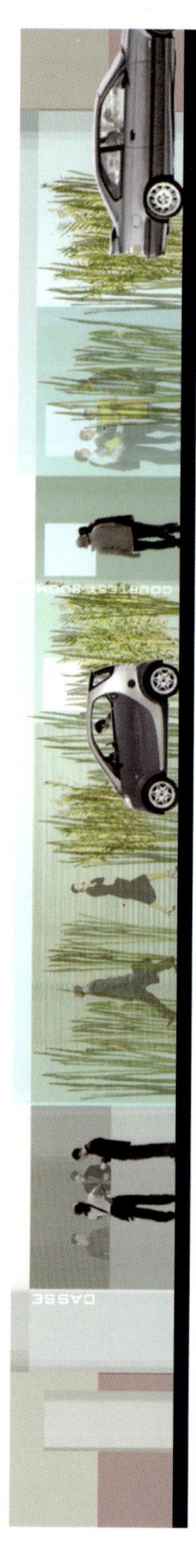

立面图

APCOA
controsoffitto in pannelli di fibre minerali
rivestimento in legno
lampade fitostimolanti
sistema di illuminazione integrato
controsoffitto in pannelli di acciaio inox
pavimento galleggiante
vasche di contenimento per piante complete di impianto di irrigazione
area top car

剖透视图

丛书策划：仇宏洲

本套丛书在编写、制作过程中，得到了蓝青、舒玉莹、王俊法、李挺、袁景帅、张颖、张新、杨波、凡晓芝、高君、林斌、高建国、华建等人给予的大力支持与帮助，在此一并表示感谢。

简介_IaN+

IaN+事务所（International Architectural Network Plus）由三个不同专业背景及经验的人所构成。作为国际建筑学研究网络的一部分，从埃森曼的范式到超现代的“乌托邦”，再到新生态学概念的引入，IaN+的研究目标是探索新条件下建筑理论与设计实践相交叠的可能性。综合考虑与建筑相关的地理、气候、经济、人口、技术、艺术、文化等复杂因素，他们的研究以一种特殊的方式将建筑、景观与这个复杂系统联系起来，进而激发有意的资源利用及必要的设计与技术开发。他们在一系列的实验中探寻着在无明确界限与边缘的城市实现建筑的可能性，同时在现代城市的非物质流及全球化新动力对建筑学的影响等各方面作了有益的探索。IaN+事务所大量的工程项目与规模可观的建成作品，将他们推向了国际建筑舞台。